没有完美的情感

只有更好的自己

——写给中国女性的亲密关系心理学

时敬国 著

人民交通出版社股份有限公司
China Communications Press Co., Ltd.

图书在版编目(CIP)数据

没有完美的情感,只有更好的自己/时敬国著. — 北京：人民交通出版社股份有限公司, 2019.1
ISBN 978-7-114-15088-3

Ⅰ.①没… Ⅱ.①时… Ⅲ.①情感－通俗读物 Ⅳ.① B842.6-49

中国版本图书馆 CIP 数据核字（2018）第 238889 号

书　　名：没有完美的情感,只有更好的自己
著　作　者：时敬国
监　　制：邵　江
策　　划：童　亮
责任编辑：刘楚馨　吴　迪
责任校对：刘　芹
责任印制：张　凯
营　　销：吴　迪　张龙定　陈力维
出　　版：人民交通出版社股份有限公司
地　　址：(100011)北京市朝阳区安定门外外馆斜街 3 号
网　　址：http://www.ccpress.com.cn
销售电话：(010) 59636983
总　经　销：北京有容书邦文化传媒有限公司
经　　销：各地新华书店
印　　刷：中国电影出版社印刷厂
开　　本：880×1230　1/32
印　　张：6.75
字　　数：150 千
版　　次：2019 年 1 月　第 1 版
印　　次：2019 年 1 月　第 1 次印刷
书　　号：ISBN 978-7-114-15088-3
定　　价：42.00 元
（有印刷、装订质量问题的图书由本公司负责调换）

略带犀利的诙谐劲儿,以及隽永绵长的细腻回甘,这就是有着文人心的暖男情感咨询师时敬国。在幸知在线,他是一个绝伦的存在。

——资深媒体人、幸知在线创始人　潘幸知

序

暖男的内心其实都是死理性派

作为一个写东西的人,多年前我就曾经想过出书的事情。但是,我从没想过要出一本关于情感和婚姻的书,还是写给女性看的。

作为一个正常的男人,一直以来我都保持着对女性的好奇和亲近的欲望。但是,我从没想过,有一天要成为女性的"男闺蜜"。

然而,一切都发生了。写了一些情感文章之后,一本书水到渠成;在做了一些情感方面的心理咨询,讲了几节课之后,她们都叫我"暖男咨询师",或者,干脆叫我"社群好闺蜜"。

大概我仍然有一颗直男的心。对于这样的结果和待遇,别的男性都表示羡慕的时候,我却感觉扭捏和不适。但最终,也还是认命了。我们的人生角色,很多时候并不都是我们自己选择的,不是吗?

但我仍然认为,这些女性的认知发生了偏差。因为,我一直觉得,明明"令人扎心"是我的强项，为何她们却认为"很暖"呢？

近日，有一个报道说，有一个很有爱的日本女孩，在几个月前发现，埋葬心爱猫咪的地方长出了一束灿烂的彼岸花。她查了一下花语，发现这种花的寓意是："期待再见面的那一天。"女孩想，或许这是猫咪对自己的表达吧，于是对着那束花痛哭："所以，这是你吗？"那束彼岸花和这个故事被发到网上，引起无数人泪奔。

这真的是太虐心了，对吧？但一位耿直男专家并不这么认为，他指出，"彼岸花科植物含有生物碱霉素，猫误食可能导致呕吐或痉挛，甚至致死。我猜——您的猫就有可能是误食彼岸花的种子而死。"

这位专家真的很勇敢——要么就是最近想不开。我觉得他一点都不聪明，但我却一直乐此不疲地干着同样的事情。在这本书里，你随处可见我对一些对婚姻和爱情的谈论，就像上边那位专家谈论彼岸花一样。

这个时代正在发生着很多变化。比如，生存压力变大，很多女性和男性一样，去上班，但同时家里的事情也得做；比如，现在的孩子教育，越来越精细，需要投入的精力更多了，这件事也更多地落在女性身上；再比如，这个社会对于婚外情、婚外性越来越宽容了，而男性其实还掌握着更多的权力和自由，于是男人"变坏"更容易了⋯⋯

所以，这个时代的女性，在进入婚姻之前，都曾是父母的掌上明珠，但一旦进入婚姻，却不得不面对这么多的风险，有些是婚姻和爱情本身的规律，有些是社会变化带来的冲击⋯⋯总之，可能要承受多种多样的痛苦。

身为情感方向的心理咨询师,自然会为降低女性的痛苦而努力。而直男咨询师的思维就是,告诉你关于婚姻和爱情的真相,少做点不切实际的梦,那么当你经历现实的时候,就不会那么痛苦。如今我之所以还能好好地活着,没被来访者打,或者被读者骂,一个很大的原因应该就是:她们正在或者已经经历过了不幸,她们已经具备了接受这些现实的心理基础。反之,若是我去和那些仍然对爱情充满憧憬的少女们去谈论这些,大概活不到第三句话。

所以,这本书里的所有文章,都可以用一句歌词感叹:多么痛的领悟!

这些文章看似松散,但实际上,无非是围绕女性对于婚姻爱情的几个常见的认知误区。

首先,很多女性搞错了婚姻和爱情的关系。婚姻是一个筐,可以往里装的内容很多,比如经济合作、生儿育女、志趣相投、相互陪伴,当然也包括爱情;而爱情算是一个内容——一个容易过期、变质的内容。很多女性,认为爱情在婚姻里是可以一直存在,一直保鲜的。还有些女性认为,如果和一个人有了爱情,就一定要和他弄个婚姻的筐,哪怕除了爱情,他们什么都没有。怀有这些想法的女性,很可爱,但是也太天真。而天真,就意味着容易受伤,天真的结果,往往就是期待落空带来的巨大失望。

其次,还有些女性,明明在经济上有独立的能力,但在情感上,还是习惯性地全身心地交付出去,拒绝让自己拥有独立的能力。当一个女性在走进婚姻后，把所有的生活重心都放在家庭和婚姻里的时候，一旦遭遇挫折，就会受到灭顶的打击。而反观男性，婚后的重心并不都在家庭，即便他们是在努力赚钱养家，本质上也是在全面地经营自己，在事业上，在人际关系中。女性的这种义无反顾，当然可歌可泣，但在现实中若是遭遇婚姻的改变，或者男人的负心，那么，女性只能接受一个悲剧的结局。

再次，有些女性比较感性，总是希望以情动人，让男人安心，婚姻稳固。所以，她们经常用付出和奉献来换取对方的忠诚和投入。而当她们发现对方做出的事情不符合自己期待的时候，就希望用道德和公平来约束对方。然而我们知道，在各种博弈里，只有弱者才会总需要公平和正义来帮助自己维护权利。婚姻里，两人之间有合作，也有博弈。很多时候，实力决定一切，决定着选择权。站在道德的高地上，并没有太多实际意义。

最后，很多女性过于相信天长地久，始终如一。这是一个变化的世界，而我们是其中也在变化的个体。换言之，这是一个动态的世界，包括婚姻和情感。此一时，也许你和他相濡以沫；但彼一时，或许就不再需要彼此。婚姻的稳定，决定于对彼此的依赖程度，而不是幸福感的多少。这是一个追求个体成长的时代，然而，婚姻里的两个人，一旦成长就可能意味着平衡关系的打破，关系就不再稳固。这也是一个追求个体幸福的时代，而婚姻在某些时候束缚着人性的自由，当婚姻里的某个个体希望释放自己的时候，也就带来了对婚姻约束的冲击。

读到这里，你会知道：这本书的作者不是一个浪漫的男人。甚至，你可以说，这是一个专门用理性破坏浪漫的男人。然而，这种破坏，对于那些沉浸在痛苦里的女性来说，恰恰是——重建幸福的开始。

感谢出版社的童亮老师以及其他编辑老师为这本书做出的努力；感谢幸知在线的创始人潘幸知女士以及平台的约稿编辑，给了我这个"懒癌"患者一个写作平台，并不懈地催稿，逼迫我写下这些只言片语；最后，感谢我的那些来访者，给了我充分的信任，让我有机会走进她们的人生，见证她们的努力与成长。

愿我们，都能成为更好的自己。

目录

公共课
情感世界的那些常识

女人要被男人捧上天,还是干脆自己上天	2
你竟然跟我谈"界限"	7
男人的宠爱只能当甜点,不能当正餐	11
没有从前慢,我们如何感受真爱?	14
你当年的男神女神,有没有倒在朋友圈?	19
对路人比对亲人好的,都是"贱人"	23
你的青春被狗吃了吗?	26
不能一起玩耍的夫妻,婚姻与苦修何异	30
钱和爱,到底哪个更靠谱?	35

专业课
看透婚姻的本质

怕"腻"的中年男女,究竟在焦虑什么?	42
做对这道选择题,奖励"有名有实"的婚姻	47
女人对婚姻的四种态度,你是哪一类?	54
发现男人说谎,到底要不要揭穿	59
装糊涂竟然是女人的必备技能?	64
有一种男人,是英雄和人渣的混合体	68
秃顶的男人,到底能不能要	74
"背叛"母女同盟,才能有个独立美满的家庭	78
不怕伤财,只怕伤心——要不要在经济上帮男人?	81
一句"没爱了",真能抹去过往的风花雪月?	84
总有些致命的将就,换来婚姻的无法回头	87
后离婚时代:明天我们各奔东西,今夜你是否回头?	91
一本正经:中国式离婚仪式该如何操办	96

必修课

关于女性成长的那些事儿

没钱、没色、有孩子,你凭什么闹离婚	102
为什么上了那么多婚姻课,仍爬不出不幸的坑	107
没有独立的情感观,听多少道理也枉然	112
你所谓的"自我成长",就是为了让他安心外遇?	117
人生若是种投资,应把青春赋予谁	122
你不是败给了年老色衰,而是对自己懈怠	127
除了老公,你的世界里必须有别的男人	133
当"糟糠之夫"越来越多,"女强人"们该怎么办?	138
关于"成长",那些让人激动而不安的深层含义	145
婚姻稳定和个人幸福,我们到底为何而努力?	152
真正的女性独立,是为了更好地与男人合作	159

选修课
一些有趣的情感话题

隐婚男人：人前佯作单身狗，只为示人"易推倒"	166
你只是远嫁，又不是被绑架	169
当硅胶娃娃越来越懂你，我们还需要人类伴侣吗？	174
如何让男人觉得自己楚楚可怜？	180
别因为错过了潜力股，而自戳双眼	184
"小三"路的尽头，没有吃亏这一说	188
不能在一起，便用生命换你几行诗	191
热闹的春节，如何甜而不腻地秀恩爱	195

公共课
——
情感世界的那些常识

女人要被男人捧上天，还是干脆自己上天

苍井空结婚的那天，中国男网友哭着要随份子

2018年的第一夜，中国男网友都成了一名日本女子的"娘家人"——因为苍井空宣布自己结婚了。这位被中国网友追捧的日本女优，其实早已经退出AV界转行了。但由于她看重在中国内地的发展，仍然没有完全退出网友们的视线，所以，一直有着居高不下的人气。

一时间，不管是微博，还是门户网站下边的评论区，瞬间被祝福淹没。虽然也有一些不解和批评的声音出现，但很快就被压了下去。连网友们自己都被"满满的正能量"感动了。除了祝福之外，有的网友还发出了亲人般的提醒——"如果嫁到对的人，当然要祝福，但还是要提醒，别遇到渣男"——俨然是情深意重的大舅哥。

还有网友在"苍老师"的微博下，一边作别这位曾经陪伴了自己青春岁月的姑娘，一边非常实诚地说"给个账号吧，我想随个份子"。我不仅暗想，如果"苍老师"真的敢给出一个账号，中国男网友一定会"慷慨解囊"，以回报她当年的"慷慨解衣"，一定会把这么多年欠她的碟片钱，一股脑地还给她当嫁妆。

中国男人的情结：婚姻内要温情，婚姻外要风情

其实，中国男人的这种恋爱已经谈了几千年。中国男性骨子里都或多或少有些名妓情结。翻开五千年历史的爱情卷，你会发现，很多爱情并不是发生在丈夫和原配妻子之间，皇帝们的爱情多数和妃子有关，英雄才子们的爱情多数和名妓有关。像明朝才子和秦淮八艳这样扎堆的时代就不说了；唐宋诗词大家很多都有纳妾、狎妓的爱好，杜牧、柳永更是逛青楼逛出来新高度；皇帝中有唐玄宗和杨贵妃，顺治帝与董鄂妃；武将中有项羽和虞姬，吴三桂和陈圆圆……

弗洛伊德在《爱情心理学》一书中，曾经分析过男人的这种情结："情爱的诱惑力永远来自那些贞操可疑、性生活不太检点的女子，比如红杏出墙的有夫之妇，堪称大众情人的青楼艳妓。"对很多男人来讲，为了那种"牡丹花下死，做鬼也风流"的至高体验，不惜冒着巨大的风险。

所以，男人反而在妃、妾、妓身上，可以更多地体验女人的诱惑和风情。古代的才子和老婆之间，更多的是柴米油盐和生活琐事，只有和那些艺伎在一起的时候，才能谈论风花雪月。而如今，女人要求平等，在夫妻生活方面也强调相互满足。但"苍老师"却满足了男人对于女性的各种想象。这种满足不光是性方面的，也包括对女性的征服，包括各种突破禁忌的虚幻体验，当然也包括那些类似于"无条件接纳"的蚀骨般的温柔。

权力重构:女人要被男人宠上天,还是干脆自己上天

男人的上述需要,让女人无条件地为男人服务,这对于女性的人格来说是一种侮辱。现在的社会,男人已经不能明晃晃地说要征服和占有女性。但是事实上,某些男人仍在实际拥有一些这样的权力。因为男人依然掌握着更多的社会资源,依然享受着自古以来更宽松的道德舆论。所以,这个世界,如今还没实现真正的男女平等。然而,毕竟发生了一些变化。女性的声音越来越被听到,女性的人格越来越被尊重,这当然和女性走上社会舞台,有了独立的经济能力,具备了一定的独立生活的基础有着巨大的关系。

走向男女平等的经济基础正在逐步建立起来,但是,思想深处的从属关系,还在阻碍着女人的真正觉醒。很多女人,骨子里的美好生活仍然是——被男人宠上天。

电影《妖猫传》,其实讲述的就是一个被宠上天的女人的故事,这个女人就是杨贵妃。在被男人宠这件事情上,在中国历史上,基本上她算是做到了极致。不管是历史上记载的"一骑红尘妃子笑,无人知是荔枝来",还是电影里万国来朝为她祝寿,她都享受到了最多的男人的宠爱。帝王、才子、外国使臣、江湖少年……都把她当成了女神。

然而,悲惨的结局却告诉大家一个事实:只要仍然隶属于男人,只要还把幸福寄希望于男人,那么当男人连自己都顾不上的时候,一定会牺牲女人。即便被宠上天,命运也仍然不掌控在自己手里。

在大唐,还有另外一个女人。她没有满足于被男人宠上天,而是自己上了天。她叫武则天,她不仅拥有了君临天下的权力,也有了之

前所有女性不敢想象的性的权力,养了一群男宠。

然而,这种女性对于性权力秩序的颠覆性的冲击,只是历史的一瞬。性权力的秩序,很快就恢复了原样。

女性再一次试图冲击这种男人掌控的性权力秩序,已经到了21世纪的今天。你会发现,在经济足够独立的一些女性当中,开始在追求和男人一样的性权力。

未来,我们的婚姻会好吗?

我们当然并非是要鼓吹女性应该和男人一样,追求同样的性权力,出轨的权力,或者有征服更多男人的权力。

我们只是想让更多的女性认识到,当男人出轨的时候,女人靠道德的谴责,或者等着男人的良心发现,其实是一件不靠谱的事情。

婚姻中的男人和女人,既有合作,也有博弈。如果男人没有自律到放弃自己那些原始冲动,或者真的想开了——我就是要追求红旗彩旗都要飘飘,那么女性如果没有制衡对方的砝码,就只能是哀怨的受害者。社会越来越"不讲道德",正在放弃惩罚出轨的男人,那你还指望谁为你主持公道?

经济上,女人离独立越来越近;但心理上的独立,你真的准备好了吗?如果骨子里仍然有着从属的观念,性权力就不会实现真正的平等。

未来会有越来越多的女性,开始反抗性权力的不平等。

未来的婚姻"围城",或许能看到有些男性回家,但是也会看到更多的男性出轨,其中也夹杂着越来越多的女性。当婚姻成为男人和女人追求自己性权力的障碍的时候,越来越多的婚姻在博弈无果后走到尽头。每一段婚姻的结束,激起的浪花越来越小。每一次分手,都越来越平静。很难说,在这样的趋势里,谁是赢家,谁是输家。但很显然,秩序在被打破,在重建。

当然,也许我们无心关心这所谓的大势。我们只关心自己的婚姻。

如果你希望和自己的另一半在旧的秩序下,守着稳定的婚姻,白头到老。这当然没问题,前提是对方也是这样想。如果两个人有着同样的目标,可以任凭别人家烽烟四起,自己家却安享岁月静好。

但如果你的另一半,已经在试图把自己的性权力悄悄扩张,在释放他自己的人性。那么,树欲静而风不止,怕是你的愿望会有落空的可能。你是坚决把他拉回来,还是考虑不再委曲求全,重新调整自己对婚姻的期待?

但无论如何,我们都不应该再做一个沉睡者。

你竟然跟我谈"界限"

边界其实是很重要的东西,国与国之间有界碑,家与家之间有地契,我们和小学同桌的课桌上有铅笔画的分界线,某主播平台有"低腰下装不得低于脐下 2cm 即不得露出胯骨及骨盆位置,短裙或短裤下摆不得高于臀下线"的精确底线。但是在我们人际关系中,我们却往往失去了界限感,以至于大家过得很累,甚至养恩成仇。

界限的最大敌人是感情

如果你的防守不严,很多话一出口,就轻易突破了你人际关系中的边界。

"我是你妈哎!养了你这么多年,你竟然跟我谈界限!"

"咱们是两口子啊!说好的'无论贫穷与富有,无论健康与疾病',你现在跟我谈界限!"

"咱们这么多年的朋友了,穿一条裤子的时候,你不说界限,现在你跟我谈界限!"

……

其实很多时候,这些话并没有说出口,只是我们想象中的。因为这些想象,我们根本不敢跟身边的人谈界限。但如果我们真的做出一些事摆明自己关系中的界限时,这些话也就立刻会被以更加夸张的形式演绎出来,你可以听见很多脆弱的心发出了玻璃破碎的声音,很多脸惊愕地像被寒风刺骨冻得嘴唇哆嗦的情景。总之,你伤了人,让人心寒了。

所以,如果你身边的人已经被惯坏了,已经早就没有界限感了,而你恰恰在此时觉醒了,这种"伤害"几乎是难免的。

父母突破界限的目的是控制

稍微读过点婚姻家庭类的书的人都知道,核心家庭才是最重要的家,这个小空间,不能随意让其他人进来。夫妻和各自原生家庭的关系不能比夫妻关系更紧密。但是,很多"慈母""孝子",是无法理解这一点的。被广大女性普遍闻之色变的"凤凰男""妈宝男"都是男人无法与原生家庭切割的典型现象。对于"慈母"而言,我这辈子是为儿子活的,没有儿子,我一天都不知道该怎么过,你们怎么可以去过自己的小日子,把我扔一边?对于"孝子"而言,总感觉自己如果不遵从父母的意见,和妻子更加亲近,是一种"娶了媳妇忘了娘"的背叛行为。

在以前,我们曾经歌颂过这种慈母孝子的事迹。无论是父母义无反顾地牺牲的姿态,还是羊跪乳鸦反哺的绝对顺从。但以我们今天的观点,我们知道,这并不是一种健康的父母之爱。因为这种爱,不利于下一代的人格独立,也不利于每个人做自己。当然,更不利于婚姻的和谐。

在做咨询的时候,我们看到很多这样的情况。一般而言是女方在控诉男方和自己的家庭不能切割,这种情况更为普遍一些。但是,也有时候,我们也看到有一些女性,在谈论婚姻的时候,张口闭口"他们家""我们家",从言辞就可以看出,对自己原生家庭的紧密程度,以及与对方家庭的敌对姿态,最可怕的是,自己和丈夫在两个不同的阵营。可见,也有不少女性没有和自己的原生家庭做好边界确认。

即使夫妻,也是"有限责任"

曾经有个女性朋友L,她的丈夫经营企业失败,到处借钱。这位女士也把自己的私房钱全拿出来支持丈夫,但是仍然不够填上窟窿,又跟父母家里借了几十万。仍然不够!丈夫甚至瞒着妻子去岳父家里劝说他们拿养老的房产做抵押。岳母没有答应,于是丈夫就很生气。这个时候,L女士感到左右为难,又怕丈夫不开心,又怕连累父母。

没错。作为妻子,是该在经济上和精神上支持丈夫,但是,这种支持是否没有底线?如果说把家里的公共财产都交给他,这算是合情合理的支持。那么,自己的婚前财产再给他,是不是就很够意思了。从父母家里借钱,是不是就已经超出本分,算是模范妻子了?但是,如果连父母养老的钱都要搭进去,那么,是不是就已经越界很多很多了?如果L女士自己心里有这个界限感,后面就不至于如此纠结,明明已经做到仁至义尽,却仍然招来丈夫的不满。这难道不是边界不清带来的后果吗?

情感空间的边界如何界定

经济上的边界,其实只要稍微梳理,都是能确定的。大不了咨询法律专业人士,最终都能划分好。但是夫妻间情感的边界,有时却无处下刀。有位女士的丈夫出轨了。丈夫说,虽然两个人是夫妻,但是希望在情感上保留一部分独立空间。

我们先不说,独立保留的空间里能不能出轨,先说是不是可以有一个空间留给自己。在婚姻中,夫妻的感情自然是非常重要的基础之一,但是不是意味着两个人的感情世界,就必须完全被彼此独占?

真实的情况是,虽然有时两个人确定了恋人关系或者婚姻关系,但在情感上,并没有办法做到百分百的心无旁骛。经常看到的一副景象,是一方对另一方的情感世界穷追猛打,非要翻个底朝天,一览无余。此种行为的逻辑是我都已经向你露底了,你也得跟我一起裸奔。这往往会让另一方无法忍受而逃离。可见,婚姻之中,你的情感世界能够拿出多少地皮来充公,事先是要经过沟通的。每个人心里,都应该知道自己的边界在哪里。如果两个人对边界达不成共识,在婚后才发现这个严重的分歧,那么婚姻就会面临危机。

所以,最好的办法是:无论是"天亮就分手",还是"一辈子就牵你的手"的男女都在恋爱或结婚之前,坦诚各种底线,耐心谈好边界,确定每个人应负的责任。

男人的宠爱只能当甜点,不能当正餐

很多女性都希望被男人宠着。在女人眼里,宠爱才是真爱。只不过,让女性朋友们郁闷的是,婚前多数能被男人宠几天,但婚后的宠爱直线下降。所以,女性朋友对此多有不解。这就需要从一个直男癌患者的视角认识一下"宠爱"。

男人的辞典里,"宠爱"不是个吉利的词儿

不是所有男人都是帝王,但每个男人心里都藏着属于自己的江山。当然,有人唱过,"爱江山更爱美人",但只是唱唱而已,更多时候,美人只不过是大好河山里的一笔点缀。那如果不小心,当真把心爱的女人摆在第一位,往往意味着基业付与东流水,江山改姓随他人。不信?看两个小案例。

案例一:

很久很久以前,有个男人号称天子,他得到了一个美女,但这个美女不爱笑。偶然一次,美女为男人唱歌:"我就是我,不一样的烟火"。男人灵机一动:"来,褒褒,我带你去看烟花。"然后带美女登上烽火台,点燃了狼烟。很快,诸侯大军纷纷来报。褒褒终于嫣然一笑。后来,大军散去,士卒愤愤不平,留下一句流传千古的预言:"秀恩爱,死得快。"

案例二:

很久以前,有个当皇帝的男人,养了一个爱吃荔枝、爱洗澡的女

人。由于给女人剥荔枝壳子、搓背花了太多时间,耽误了国家大事,于是都城给丢了。仓皇出逃的路上,将士认为女人的兄长误国,便将她哥杀了。然后,也逼着男人将女人处死。虽然皇帝真的是个很用情的男人,但女人最终还是香消玉殒了。后来,士卒中留下一句歌谣:"摇啊摇,摇到了外婆桥;作啊作,作死在马嵬坡"。

可见,男人的世界里,是不允许因为女人的小情小爱冲昏头脑,耽误江山大事的。古代如此,今天也这样,很多厉害角色不都栽在情妇手里了么?

女人的辞典里,"宠爱"就是让你坏规矩、没原则

女人一直想做男人心里的第一把交椅,或者说,是想被男人当成宝,希望男人为了自己的宝贝,打破自己生活中原有的排序和规则。比如,下了班别陪领导了,来接自己下班;周末别回家陪父母了,陪自己逛街;留着钱别买相机了,给自己买包包。

总之一句话,女人给男人出了一道证明题:如何证明,我是最重要的?

男人只能这样做:因为在原来,我的领导大于我妈,我妈大于我自己,是最大的;又因为你大于我的领导,所以,你大于一切,你是最重要的。

女人为了证明自己是最重要的,还要改变男人的消费观。男人以前实用至上的理念,要改为女人喜欢至上。只要看中,买买买;只要高兴,花花花。

女人为了证明自己是最重要的,还要改变男人的沟通方式。男人本来是个含蓄的人,现在却每天必须把"宝宝贝贝小甜心"挂在嘴上,要为女人捏脚捶背嗑瓜子儿。

反正,女人的逻辑就是,要证明你最爱我,就得宠着我,要宠着我就得不讲原则、无条件地满足我。

宠爱,非平等之爱,非健康之爱

其实,部分男人并没有什么江山社稷,也没办法用放下什么大事来证明自己对女人的爱。唯一可以献出的,就是自己的尊严,用自轻自贱的办法,衬托女人的高贵。

这样,女人就认为自己被宠着了,自己成天下最高贵的女人了。

这种简单的逻辑,给了多少男人可乘之机。不就演个戏吗?接下班算啥,买夜宵算啥,这都算文戏,不用摔摔打打的。当然了,这些情节演完了,后边就是期待已久的吻戏和床戏了。床戏之后,还用接着演前边的吗?当然不用了。这剧用不着倒叙。

不过很多男人,还是很敬业的,会一直把戏演到底。

所以,这不是平等之爱,这也不是健康的爱。

平等之爱,应该是两情相悦,而不是以一方跪地的形式满足另外一个的自恋。健康之爱,应该是互相尊重,而不是逼着对方颠覆一切,围着自己转。

最后还是应该回答女性朋友的问题,为什么多数男人婚前可以宠自己,但婚后做不到。我的答案是:那是因为,人是直立行走的动物,跪久了腿会酸。

聪明女人都知道:小作怡情,大作伤心。所以,别把宠爱当正餐,做小甜点,也许刚刚好。

没有从前慢，我们如何感受真爱？

在饥饿的年代，他把最后的食物给你，那他一定是爱你的。

在战争的年代，他为你挡子弹，把生的希望给你，那他一定是爱你的。

在缓慢的年代，他愿意用半生等你一封情书，那他一定是爱你的。

然而在今天，我们有了足够的食物，可以中餐西餐换着样吃；我们身边也没有战争，很少存在生命的威胁，彼此的关心只限于口头的"多喝水，别熬夜"；我们谈恋爱的效率也足够高，不管是否见面，只要想就随时听到对方的声音，想见面也变得容易。

我们却突然发现，辨别一份真爱，开始变得艰难！

没有互相付出的感情，是否值得拥有？

Aileen 是一位 40 多岁的事业型女性，见到她的人，都会觉得她是一个气质优雅而且是有故事的女人。她在深圳有自己的多处房产和自己的一家企业。30 多岁的时候，她就离婚了。因为经历了感情的波折，也因为经常在商场打拼，阅人无数之后，她更加独立。近几年，她还是谈了一个男朋友，也是个事业有成、经济条件不错的男人。两个人搭伙过日子过了两年，经济上各有付出，生活上相互照顾，这也让 Aileen 有了家的温暖感觉。

然而，今年 Aileen 的企业亏损了，面临着危机。在她最需要帮助和支持的时候，对方并没有伸出援助之手，而是宣布这段感情无疾而终，转身离去。

"其实，在和他相处的时候，我还真没想过让他付出什么。我觉得，大家都是成年人，在这样的关系里各取所需而已。各自为自己负责，谁也不需要为谁做太多。缘分在的时候就相处，缘分没了也就散了——真的，一直是这样想的。但真到自己最需要支持的时候，对方的抽身离去，还是让自己感到伤心——自己这两年沉浸其中的情感，竟然如此脆弱。同时，也更加怀疑，是不是不应该再对男人有太多指望，对爱情有太多期待。"

所以，问题就来了：当我们在关系开始的时候，对彼此要求的付出并不多的时候，我们如何知道这段感情的"成色"呢？

没有同等比重的感情，是否值得拥有？

在上面的这段故事里，是因为对方没有付出过，所以，没有办法鉴定感情的分量，那么下面的这段故事里，还是能清楚地看到对方的付出的，那又会怎样呢？

Bella 就是别人眼里所谓的第三者。对方的妻子早就带着孩子移民澳洲，只留下男人在国内做企业，身价数亿。Bella 并不是那种见到有钱人就会扑上去的女孩，反而是和异性保持着距离，看起来有些清高，并不太容易接近。而且自己也有着光鲜的职业，虽然是个上班族，但也小康。

因为 Bella 身上的独特气质，对方被她深深吸引，两个人像普通人一样恋爱、同居。但由于对方的身份，应酬很多，能陪她的时间并不多，而且有时还要经常和国外的妻子保持联系。因为不能给 Bella 婚姻，也无法给她更多的时间和精力，所以对方给了她很多东西，一线城市的房产，还有动辄数万的生活费。这些 Bella 都接受了，但也只是放在那里，还是正常地过着自己的生活。

当一个男人肯为自己有近千万元的付出的时候，是不是就该知足了呢？是不是就能证明这段感情的纯度了呢？

Bella 感觉并非如此，"他的存在对我很重要，而我只是他生活的一小部分。我没有身份，也得不到他更多的时间，无法进入他的亲朋圈。那些钱，对于普通人而言，是很大的数字，可能一辈子都挣不到。但对他而言，并不算什么。所以，我并不觉得这些付出能代表什么，我想，也许我应该去寻找一个人，在他的生命里，我所占的比重，会更大一些的一个人。"

过去，我们用什么衡量爱？

在从前的时代，至少我们认为，那时候有很多机会检验爱情的成色，然后完全地投入到关系里，也许日子过得苦，但很安心。仔细想想，我们觉得，至少可以从几个方面去证明。比如：

1. 让你过得比我好

如果两个人的生存遇到困难的时候，一个人愿意牺牲自己，或者承受更多的苦难，让对方首先获得生存的权力，或者，让对方过得比自己好——这足以打动另外一个人，让对方感觉自己是被深爱着的。

2. 我不能没有你

以往的伴侣，相互依赖的程度更深。在生活层面，彼此之间确实无法分开。但更重要的是，两个人从没设想过，如果没有对方，自己会怎样，甚至，不敢去想。所以，当一个人如果感觉要面临失去对方的时候，那种慌张，那种恐惧，会让对方感觉到自己在对方心目中的地位和价值。

3. 我接受你的不完美

没有人是完美的,所以就有不被接受的可能。我们带着自己的不完美,来到另外一个人面前的时候,如果他看到了,但不计较。他愿意接纳一个完整的你,这会让人感到心安。

4. 为了你,我愿意放弃所谓的更好的选择

这个世界上没有最好的人,只有更好的人。所以,你无法保证你的伴侣不会遇上条件更好的人。但如果伴侣说:"也许有人比你更好,但和我没有关系。你在我的眼里,是独一无二的,是无可代替的。"你岂能感受不到爱的存在?

5. 为了对你的承诺,我不计代价

两个人走到一起的时候,会描绘共同的一个愿景,为了这个愿景,我们承诺一定要一起走到那一天。所以,为了这个承诺,人们愿意付出时间去等,愿意为此失去一些也很重要的东西,为此忍受煎熬,为此让青春白白流逝。所以,在以往流传着很多爱情,都是围绕着等待和放弃的。一个坚定的信念,足以打动当事人和旁观者。

这个时代,需要我们更用心,才能感受到爱

这个时代和过往,有了几个非常重要的不同。

1. 我们有的东西更多了

因为有的更多,所以,我们有的东西能代表的情感更少了。现在有人请我们吃一顿大餐,也不足抵以往的半个馒头。

2. 我们生活中的危险和困难更少了

我们很少再看到有人要为自己冒险,要为自己承担痛苦。所以,也就少了因此而感受到爱的机会。

3. 我们对彼此的依赖少了

当彼此感受不到对方对自己的需要的时候,自我价值感就会大打折扣——既然,我在你的生命里没那么重要,那么,我就不赖在你的世界里了。于是,分手就更加容易。

4. 我们的选择更多了

以往我们一辈子,能遇到的选择寥寥无几。而现在,彼此见到异性的数量,是以前的很多倍。那么,抵抗诱惑需要付出的坚持,就更多了。

但是——

并不是现在的人,没有以前深情了,只不过,生活少了呈现的机会;并不是爱不存在了,只不过,是我们不太容易感受到。我们以为,我们的生活比以前更好,或许我们应该有更多幸福的感觉,这其中包括被爱的感觉。但实际上,证明自己被爱着,是越来越难了。

男人还是那样的男人,女人还是那样的女人。在我们今天所说的花心男里,也许有一些放在以前的岁月里,某个情景之下会变成可以为你去死的人。而以往那些爱情里不顾一切的勇士,放到今天,也许就是一个中年油腻男。

所以,这需要我们比以前更用心,去感受彼此的每一份付出。我们相信,那些刻骨铭心的爱,还以某些形式到处流转;那些曾经感天动地的男主角,也许就酣睡在你身边。只不过,世代轮回,都隐于世间。

当我们懂得这些,我们对爱的证明,就不会再有那么高的期待。

而后,对于情感,我们就可以放下那些过多的怀疑,过多的失望。

你当年的男神女神,有没有倒在朋友圈?

没有湮灭在时间里,却倒在朋友圈

巧了,最近听到两段类似的小故事,可以概括成一句话:

当年那个他,没有湮没在记忆里,却倒在了朋友圈。

第一个故事是一位姑娘,她告诉我,她之前在另外一个公司工作的时候,喜欢上了一位已婚男主管。一喜欢就是好几年,即使换了工作,很久不见,也依旧喜欢。直到他们后来成为微信上的好友。然后又过了一段时间,这姑娘终于轻松地对朋友说,她放下了。问她为啥,她说就因为那个人在微信里老转发心灵鸡汤,有些结尾甚至还有"是中国人就转!!"之类的话。

另外一个故事则是刚参加工作的小男生,他说之前一直很喜欢高中时代前桌的女生,视之为冰清玉洁、清新脱俗的小龙女。他也是暗恋多年,纠结多年,直到进了朋友圈。这位姑娘倒没整天转发心灵鸡汤,而是做微商了。小男生身边的人不以为然:做微商说明有经济头脑啊。小男生摇摇头,叹口气:"别人能做,她不行。我心目中的她,不食这人间烟火。"然后,也放下了。

众里寻他千百度,蓦然回首,那人倒在朋友圈深处。

念在一片旧情,就帮忙挖个坑,埋了吧。

没有"在一起",却经常看见漏洞百出的你

很多人的"从前",都曾有一段暧昧的感情,叫作精神之恋。我们一般认为,一段爱情的美好结局,叫作"在一起"。然而,很多人心里都曾经住过一个人,却最终没有和他"在一起"。

那个人,可能只是你暗恋的男神、女神。因为不可逾越的距离,也许只是因为没有勇气,最终,他是他,你是你。

那个人,可能是你单恋的对象。你心里有他,而他心里最重要的那个人却不是你。

还有可能,那个人和你有爱情,但又掺了点友情;或者是友情里,染了点爱情。总之,没爱到互相表白,没爱到一心厮守,暧昧对望之后,各自上路,寻找另一半。

以上种种,皆有恋,都没有在空间上实现"在一起",不妨将其归入精神之恋。

在前些年,这些精神之恋往往最终都成为心结,成为一段没有结局的故事,成为青春岁月里的一段不了情。

但随着互联网全面进入大家的生活,事情悄悄起了变化。

虽然身体没有在一个空间,但是,在精神上,你和他之间,距离消失了。

手机qq、微信、微博,总有一个地方,你能找到他。他刚吃了一碗面,你点了赞;他去了某个地方旅游,你感慨风景好美;他晒了下娃,你突然感到一阵心酸……

但时间久了,你会发现一些端倪——似乎,他并不是你以前想象的那个人,更不用说什么完美了。

朋友圈,是一个解构神秘的地方。

很多精神之恋,恰恰是因为彼此之间没有足够深的了解,多少存在美好的臆想。在那些空白的地方,把对方想象成完美的偶像。但在朋友圈里,那些美好的想象,可能因为不经意的一条信息就破灭了。

比如不小心转发了一条谣言,就暴露了智商;过于用力地展示了自己的一次海岛游,就暴露了之前人生的匮乏;一段时间过于频繁地刷朋友圈,就暴露了在现实生活中的空虚……

旁观者清,你永远不知道你在朋友圈泄露了什么。

就像某些明星一发微博就掉粉儿一样,男神女神的朋友圈,也是洗粉儿的好地方。

但对于那些粉儿,这不知是一件好事还是坏事。说是好事,那是因为一颗不甘的心,终于放下了;说是坏事,那是因为从此世间少了一个可牵挂和思念的人。

成全旧爱,未必结局圆满

当然,也不是所有的偶像都倒了。也有在朋友圈表现好的,以至于爱慕者与被爱慕者,或者是彼此爱慕者,得以在朋友圈"在一起"了。他们可以看到彼此每天的生活,分享彼此的阅读心得,在心灵上共同成长。如果,真的是纯粹的精神之恋,可以说这也是一个不错的结局。

但如果,曾经的精神之恋只是标榜的,彼此还惦记着现实中的接触和摩挲。那朋友圈就变成了死灰复燃之地。

曾经有一位朋友,在朋友圈里终于俘获了当年没追上的"同桌的你"。也有朋友,在朋友圈里和以前的女神相遇,恰好对方婚姻不幸,于是不顾一切地离婚,和对方走进了婚姻。至于以上故事后事如何,与常见的出轨与再婚并无两样。

夜深人静,朋友圈情愫流动。很多前尘故事,悄悄画上句号;很多日后事故,又悄悄另起一行。

对路人比对亲人好的，都是"贱人"

生活中有不少这样的人：对外人，好过对自己亲近的人，尤其是对至亲——各种没有耐心，各种身心折磨。于是这些人身边的人就倒霉了，而且特别不解：为什么作为他的亲人，待遇还不如一个路人？

离你越近，受伤越深

有位女士如此抱怨丈夫的"变态"：对别人都很好，兄弟哥们儿一大群。谁要是摊上什么事儿，总是仗义出手；谁家要缺钱，也是不管自己家情况，就慷慨解囊。哪怕是对不认识的人，也是一副热心肠。要是生活在梁山时代，那就可以弄个类似于"山东呼保义及时雨孝义黑三郎宋公明哥哥"的诨号。但是，对家人特别差，尤其是对自己的妻子不好，节省苛刻不说，还脾气暴躁，轻则冷嘲热讽，重则一言不合就爆粗口。

还有一位教师，在为孩子的叛逆烦恼，声称感觉自己很挫败。她说，自己培养了那么好学生，在学校里也是优秀教师，名声很好。唯独自己的孩子废了。我问她平时对孩子怎么样，她反思了下，说自己对孩子确实比较严厉，脾气也不太好。她解释自己是因为在学校里不得不控制情绪，回到家之后，身心疲惫所以就不太控制，对孩子也的确缺了耐心。孩子对同学说，在家里基本上感受不到母爱。

低看自己的时候，亲人也躺枪了

人应该对亲人好，对和自己近的人好——这个逻辑看起来多么的理所当然。但是，为什么在生活中却有这么多反例呢。作为这种人身边的至亲，他们往往会觉得自己是最倒霉的，冤得不得了，时间久了，便会怀疑是不是自己做得不够好。

但其实这些亲人们，还不是最惨的。最惨的是谁？不是别人，是那个人自己。

这类人对自己怀有强烈的不满。因为这种不满，所以对自己有攻击性。而作为他身边的亲人，就会受到连累。你觉得你身上已经伤痕累累，实际上，已经是他伤害自己之余，不小心误伤的你。打一个比喻，这种人手里有很多支箭，但他只有一个靶子，就是自己。但是，一个射手总会有射偏的时候，于是靶子周边也会成为重灾区，而你作为他的至亲，恰好就在那里。于是，你躺枪了。

为什么有人会对自己不满，对自己有攻击性？往往是因为他小时候认同了别人对自己的负面评价，而那个人足够重要，可能就是他的父母。如果一个人自幼从父母那里只得到了批评和否定，或者冷漠和歧视，那么他会把他感受到的态度，变成自己对自己的态度。长大之后，也会认为自己不够好，自己低人一等。而且会从内心习惯性地批评自己，看低自己。即使有好东西摆在面前，也会觉得自己不配。哪怕你塞他手里，他还是觉得那不应该属于他，充满焦虑，唯恐被识破，而失去这些东西。他会努力讨好那些外人，只有别人足够认可他，他才会觉得心安一些。反而至亲之人，被他当成自己的一部分，或者自己的延伸范围。对自己的看低和攻击，也反映到至亲之人身上。

是时候了，对身边的人说声"对不起"

其实除了上边提到的这种典型的个案，在我们很多人心中，都有这样的一些不同程度的"自轻自贱"。

曾经在台湾偶遇一位年长的男性导游，腰背挺直，精神矍铄，一头白发扎成马尾。当时，游客在原住民的茶店里买茶。茶的品种和档次很多，有的游客一下子就买了好几种。回到车上，导游就问一位买了三四种茶的游客："你这些茶，分别打算给谁喝？"那位游客买的时候，就已经想好了这些茶都是带给谁，巴拉巴拉一顿说，最后大家都听出来：最贵的茶，是送给自己关系并不算密切的领导的；中档的茶是给一些外围亲戚朋友的；而最便宜的，是留给家人和自己的。"自己家人喝嘛，没必要买那么好的了。"那位游客最后总结。

导游悠悠地说："如果茶代表一种货币，这就是你给自己贴的价码。别人贵，而你'便宜'。好茶，应该是要留给自己喝的——第一，你把好茶送给别人，别人未必懂它，未必珍惜；第二，最好的东西要留给自己和最亲的人，你对自己都不好，还能指望别人对你好吗？"

是啊。我们给自己贴的标签，是便宜的，贱的。"贱人"的称号，往往不是别人给我们的，而是我们自封的。很多时候，我们自轻自贱的时候，不仅低看了自己，也误伤了身边至亲之人。所以，是时候了，向自己说一声"抱歉"，对身边的人说一声"对不起"。

你的青春被狗吃了吗？

每隔那么几年，青春怀旧电影就会泛滥一回。

不出国，不堕胎，不死人……你的青春被狗吃了吗？

——我陷入了深深的自卑，并开始怀疑自己是否真正地拥有过青春，自己是不是连怀旧的资格都没有。

其实，还有些人，不光是青春被狗吃了。他们成年后规规矩矩谈恋爱，结婚，生孩子，安稳过日子，平淡无奇。当全世界的围城飘摇动荡、鸡飞狗跳之时，这些安守在自己婚姻城内的人，隐隐约约听到一个声音：

没出轨？没小三？没一夜情？没备胎？没离婚……你的人生被狗吃了吗？

老实孩子没青春，安分男女没人生——这到底是一个怎样的时代？

诱惑谁没有遇到过，可哪个应对都不新颖

最近接到一位来访者，是一位喜欢新鲜生活，有精神追求的已婚女性。她问："十年，爱人成亲人，没激情了。偏偏又遇到了另外一个他，怎么办？"原来这位女性有一个美满的家庭，老公对她好，孩子也可爱。但是，她仍然觉得爱情在她的生活中消失了。恰在此时，她在网上遇到了一个"懂她"的人，欣赏她的优雅和品位，喜欢她有生活情趣。有种叫"爱情"的感觉，似乎回来了。一边是新鲜刺激的爱情，一

边是无法舍弃的家庭。于是,她陷入了痛苦的纠结中。

好吧,我承认,我努力过了,但这样的故事,我还是无法讲得更精彩——因为情节实在是太老套了,但这故事却又如此普遍。身在婚姻围城里,谁的心思没动过,谁的眼没往外瞅过?这个世界上,有无数的男女或者过去,或者现在,或者未来陷在这样的困局里。我们每个人的身边,都见过活生生的例子。当然结局,也不外乎两种,要么离婚重组,要么回头凑合着过。

这是一个崇尚"尊重内心""对自己好""反对道德绑架、追求个性自由"的时代,已经没有多少人敢跳出来说:"白头到老是模范,离婚出轨王八蛋"。也没有人敢说,"小三都是婊子"。相反,很多人为出轨和离婚投出了"理解""尊重",甚至是"赞颂"的一票。

而在各种影视作品里,我们看到,没有背叛过的青春,不叫青春;没有破裂过的婚姻,不叫真爱。似乎,只有突破了所有传统认知的爱情,才是可歌可泣、惊天动地的爱情。

在这样的一个氛围里,做一个婚姻围城的守城人,是多么的寂寞。

你只是没敌过那四个字:喜新厌旧

为什么会这样,是我们内心真的认为,在这个时代婚姻的存在已经值得商榷?还是,我们只是在潜意识里,为自己的某些不为人知的欲望和冲动营造一种氛围?

其实,多数人心里都明白,爱情和婚姻到底是怎么一回事。

这世间,很多婚姻都以一个美好的开头。因为,那时相爱的人终于走到一起。对于婚姻,这只是一个开始。但对于爱情,这更像一个节点,一个将开始发生另外一种变化的节点。很多人,尤其是女人,会不甘地问:难道灿烂的爱情就真的不能长存吗?

其实，无数的事实都已经告诉我们答案，只是我们不愿意接受。爱情，从来不是一种稳定的化合物。它必然会随着时间发生变化，必然会走过那段激情四射的热恋阶段，进入平淡无奇的过程。就像那位求助者说的，她的爱情变成了亲情，我们能感受到她的失望。我们不管这种新的情感化合物，是否真的是亲情，但我们大概知道，这种东西像空气和水，它不能给你新鲜和刺激，除非你被憋了半天无法呼吸，或者渴了很久，身体缺水。

当然，你如果要离开它，就会付出巨大的代价。除了要接受家庭的破裂，经济的损失，还要承担社会的舆论和压力。但这不是最大的问题，最大的问题是，很多情况下，当你重新和另外一个人走到一起，往往会发现，这段你梦寐以求的新感情，很快又发生了变化，新鲜和刺激没了，疲惫和伤害将再次来袭。

我们不否认：有些错误的婚姻，需要及时终止；许多深刻的爱情，值得让一个没有生机的家庭破碎。但是，我们也要承认一个事实：更多婚姻事故，是因为我们的动物本性：喜新厌旧。

婚姻里的寂寞守城人

当人们将目光投向那些充满荷尔蒙的出轨事故时，我们需要继续关注那些坚守在婚姻里的人。那位求助者，最终不肯放弃家庭，亲手浇灭了"爱情"的火苗。我们知道，这其中带着矛盾与纠结，也带着伤痛。毕竟，我们不能否认，这些"不合时宜"的爱情，有时真的很美好，真的会让人奋不顾身。放弃这样的爱情，要走过一段异常艰难的心理历程。

但是，放下之后呢，当自己悄悄收拾心情，沿着婚姻的轨迹稳稳地驶向未来时，没有人为你喝彩，你也不可能要求别人来为你喝彩。那些无关的人，尽管也认为你做了一件正确的事，但他们会感到有点失望。甚至，在一些私密的圈子里，大家会对你冒出一句：一辈子，真的打算就这么一个了？

所以，做一个守城人。除了寂寞，有时还要忍受一些没有说出来的蔑视。这个世界告诉我们，折腾的人生才精彩，平淡的人生其实就是平庸。坚守者只能戴上平庸的帽子，开始一场漫长的修行。

聪明的人，选择了"翻新"。爱情，就像两个人一起经历风景。如果，人不能换，那就换换风景吧。换一种背景，换一种情景，一段感情会发生新的化学变化。除此之外，把多分配一些精神寄托到婚姻之外的其他地方，不要整天把目光放在另外一半身上。某一刻回头看到他，反而会有一点新鲜感。适当的距离，是婚姻的清新剂。总之，唯有生活常新，情感才能常新。这就是除了忍耐之外，更为理想的一个办法。但这要看修行的境界。

人生，因为多情而丰满，因为理智而圆满。我们总要做出一些选择，是放纵自己，满足自己的冲动；还是克制自己，成就一段意义并不确定的未来。如果你决定坚守，那我为你祝福：未来的某一个傍晚，狗血剧都已经演完。当城里的灯光亮起，照亮一张安详的脸。

不能一起玩耍的夫妻，婚姻与苦修何异

对抗天长地久，你打算就只靠责任心？

这世界上，有些事情被渲染得很可怕；而一些真正可怕的事，却被忽略了。

比如，人们通常会觉得，共患难的夫妻难得。但其实，共患难这种事情，真赶上的时候，未必真有那么难。困境之下，别无选择，往往会激发斗志。两个人共同面对困难，背水一战，很容易呈现夫妻齐心、其利断金的感人画面。

反倒是熬过了苦难之后的太平岁月，生活开始变得平淡，日子开始单曲循环的时候，问题倒来了。

首先，脱离困境，两人的分工开始明确了。耕田的耕田，织布的织布，于是情感的互动与交流少了。

其次，没有了一波三折，生活变得无聊了。这时候恰恰大家又有了些多余的精力和时间，闲而生变。

H女士发现丈夫出轨以后寻求了心理咨询师的帮助。当咨询师问她："你觉得他们在一起会长久吗？"H女士倒是很坦诚，她说，曾经把自己和小三默默做了对比。"说实话，如果我是我丈夫，我也会选小三儿。她挺有情趣的，喜欢看书，爱旅游，心态保持得挺好。再看我自己，生孩子之后一直把自己圈在家庭里，每天就像个保姆加怨妇，哪有半点可爱的地方。他和我保持着婚姻，应该也就是因为还有一些责任放不下，或者是怕身边的人不接受吧。"

——可是，毫无乐趣的婚姻，如果只靠责任心、靠自律维持，那真的很苦呀。

和乏味的伴侣过一辈子，你怕吗？

能一起吃苦的夫妻很多，能一起玩耍的眷侣难见。

Z女士和丈夫十年前成立了小家庭，一开始的时候生活拮据，两个人勤奋工作，省吃俭用。最终在小城过上了小康生活，有房有车，孩子聪明可爱，上了小学之后，基本不用操心了。在外人看来，两人堪称神仙眷侣。老人曾经想让夫妻俩要二胎，但Z女士觉得再要一个的话会很辛苦，会拉低生活质量，和丈夫商量之后，就打消了这个念头。

丈夫是一个从小安分规矩，按时上学上班的乖孩子，长大之后，也并没有太多业余爱好。每天上下班，偶尔和同事喝个小酒，然后定期去父母家坐坐。他唯一的休闲，是晚饭后散步，然后回家看新闻频道。Z女士却从上学的时候，就是一个多才多艺的女生。如今，生活安定，她自然也不甘重复无聊的生活。于是拉着丈夫去羽毛球馆，去旅游。但每次丈夫都没什么兴趣，多是勉强配合，甚至有时会拒绝，让Z女士自己去玩儿。于是，慢慢地，Z女士开始了独自休闲运动的日子。

在球馆里，Z女士认识了很多志趣相投的球友，这帮人一起打球，参加比赛。偶尔还组团外出旅游、徒步。渐渐地，越混越熟络。球友里边，不乏一些阳光帅气而且性格开朗有趣的男士，和他们在一起，Z女士经常觉得充满了活力。而回到家再看到提前步入老年生活的丈夫，往往提不起精神来，偶尔会有抱怨。

后来有一次，Z女士和球友们去宿营的时候，和一位男队员W

产生了一些情愫。他们在宿营时相互照顾、频繁交流的画面,被队友们的相机收进了镜头,发到了朋友圈,也最终被丈夫看到。丈夫很生气,斥责妻子不守本分,在外边和其他男人勾勾搭搭。于是 Z 女士被禁止再去参加球队的活动。而 Z 女士既有气愤,但也自知理亏,在这事上也并非十分坦荡。于是非常郁闷。

"我知道,自己的确是喜欢和这些球友在一起,尤其是和 W。和他在一起的时候,感觉心有灵犀,配合默契。这种感觉是和丈夫在一起时,完全不可能有的。现在的丈夫,真的很无聊、乏味,你看他的朋友圈,都是那些老年人才会转的养生和鸡汤文,还有很多是谣言。有时想想,要和他过一辈子,真觉得挺可怕的。"

有多少人,把天长地久的婚姻当喜剧片看,看着看着就成了恐怖片。

和有趣的伴侣生活,是一种怎样的体验

林语堂当然是个有情趣、有见识的男人。他曾经郑重地称赞过一个女性,说她是"中国文学史上最可爱的女人"。当一个男人夸赞一个女人可爱的时候,心里一定充满了柔情和爱慕的。这比称赞美丽、漂亮更慎重,也更深情。如林语堂所言,"因与其夫伉俪情笃,令人尽绝倾慕之念"。言下之意,一辈子有这样的人当老婆,别无他求!

他称赞的这个女性,叫陈芸,是清代文人沈复的妻子。沈复是一个非常有趣的人,我们上学的时候,课本上就收了他的文章《童趣》。成群的文字被他想象成一群仙鹤,虫蚁被他想象成怪兽。这样一个浮想联翩的男人,是会被普通人当成神经病的,幸好他娶了自己的表姐陈芸。沈复自幼视陈芸为女神,两个人早就相互倾慕。当最终洞房花烛的时候,两个人不似寻常男女新欢,竟似密友重逢。从此,他们如知音相守,演绎着情趣人生。

陈芸的聪慧和异想天开，丝毫不亚于沈复。她本来并不识字，但小时候听人讲过《琵琶行》，竟能全文记下。待长大后，偶尔看到这本书时可以一字一字地对上，便开始了识字，后来便能吟诗作赋。以至于两人婚后耳鬓厮磨，琴瑟和鸣，常寓雅谑于谈文论诗间。生活中，陈芸也颇懂生活艺术，自己制作一些日用的物件；不爱珠宝爱破书残画，和丈夫做盆景；借别人闲置的地方养花种树，只为方便赏花赏月。她既有文艺范，又有烟火气。两人还做过很多离谱的事情，比如沈复见庙里的花灯好看，便不顾礼俗，鼓动陈芸女扮男装，一起去看。这种任性的事情，即便是在现代，又有多少人能做出来？两人因为太珍惜这段感情，便偷偷地请人给月老画像，然后供在家里，没事就磕头祈祷："老神仙呀，让我们两口子下辈子还续约吧。"

有趣的灵魂无须万里挑一，只在转念之间即可相遇

听了沈复和陈芸的故事，一定会有人感叹：这样的夫妻关系无法复制啊。毕竟——好看的皮囊千篇一律，有趣的灵魂万里挑一。

我经常觉得，有些语录听起来很有味道，但细琢磨起来狗屁不通——上边这句就是。好看的皮囊，也有各种不一样的好看，比如胡歌和霍建华能一样吗？苏菲·玛索和林志玲能一样吗？而有趣的灵魂，其实也并不一定就是天生的。

恰如林语堂对沈氏夫妇的形容："两位平常的雅人，在世上并没有特殊的建树，只是欣爱宇宙的良辰美景，山林泉石，同几位知心友人过他恬淡自适的生活，蹭蹬不遂，而仍不改其乐。"其实，人要变得有趣，可能有时只需要调整生活方式，从而给我们新鲜的体验，带动人生观的变化。我们难道不是经常被一个专注的工匠打动，或者被一个虔诚的行者感染吗？人生意趣的改变，往往就在那一瞬间。当然，前提是

我们要有一个开放的心态。

在《亲密关系》一书中,作者提到,婚姻仅靠爱情是无法长期维系的,人们应该把爱情转化为伴侣之爱,因为亲密比激情更可靠。其中有两条非常重要的建议:一是我们要培养与爱人的友谊;二是我们要努力保持新鲜感,把握每个与配偶共同探索新奇的机会。这样,就能为爱情保鲜。

也就是说,为了婚姻稳定,我们应该和伴侣成为志趣相投的好朋友。

我们生逢一个日新月异的时代。我们的生活方式,每天都在悄悄地发生着变化。

只要你细心,你就会发现有很多事情,值得去体验、去尝鲜。所以,不要瞪着大眼问:"老夫老妻,哪里还能有什么新鲜体验?"

新的环境,会让每个人都发生一些变化。而伴侣一起置身于一个新的环境,就会看到一个"新的"伴侣。

当我们一起见证新奇,探索未知,彼此的心灵就会更紧密;而彼此的变化与成长,也让我们历旧如新。

钱和爱，到底哪个更靠谱？

故 事 三 则

1. 不用你有钱，只要你有爱

B女士和丈夫在谈恋爱的时候，对方可以说是不名一文。到她考虑离婚的时候，对方已经有几百万的负债了。当初的那个男朋友对她的确很好，而B女士自幼缺爱。父母小时候对她不够好，等她长大了，才开始用钱作为补偿。于是她被这个虽然"没钱，但会对自己好一辈子"的男人感动了。父母曾经劝阻她，说家庭条件还是要考虑的。B不听，于是走进了婚姻。

后来，丈夫创业，但因为能力及诚信问题，沦为老赖，到处欠债。一开始B女士掏出家庭的所有去帮他，但还不够。丈夫怂恿她跟岳父岳母借了很多，以她的名义借高利贷，如果不答应就对她生气。当最终讨债的轮番上门的时候，男人躲了，留下了B女士独自面对黑社会般的讨债者，门被喷漆，甚至连孩子的安全都受到了威胁。这个时候，B女士才认识到，这个坑她填不平了。而这个人，也不再值得她爱了。

2. 人可以走，钱留下

A女士的丈夫出轨暴露的时候，颇有些悲剧英雄的色彩，说自己选择净身出户,要和第三者在一起。对于 A 来说,这当然是双重打击,别人家的男人玩玩就算了,自己的这个当真了,宁愿把家业全都抛下,也要去追求所谓的爱情。"天要下雨,爹要嫁人",要走的留不住。于是,这位丈夫真的只收拾了些衣服,离婚而去。

然而没想到,不到半年,他又回来了。至于原因,两个人都没跟外人透露。静悄悄地复婚,就像什么都没发生过。但知道这段插曲的人似乎感觉到,女人看得更开了,男人变得更乖了。

3. 谈谈钱,情伤就没那么痛了

C 女士发现自己"被小三",让对方表态。男人却不想断,说给他一年时间,会给她身份。一年后,男人说,自己做不到,但希望 C 女士能提一些要求,让自己心安些。C 女士伤心不已,找闺蜜倾诉。闺蜜给她出了个主意——跟他要一百万元。

闺蜜说,这是个止痛良方。

如果对方给了,就相当于这段经历就成了用 1 年的情感换了一百万元,那么,C 女士就会被自己"恶心"到,便再也不好意思为这段感情痛苦了,也不会再有脸和对方藕断丝连。

如果对方不给,那说明对方根本是一个没有担当的人,也没有真正爱过自己。那么,自己就会被这个男人恶心到,再也不会留恋这段感情。而对方呢,因为没能兑现诺言,自然就不好厚着脸皮再纠缠自己。

最后的结果是,对方给了 50 万元。果然,两个人再也没有什么所谓的"放不下的爱情"了。各自回归正轨了。

男女关系中,金钱一直是不可忽视的力量

漫长的人类历史上,男女的结合主要为的是生育繁衍和经济合作这两个目的。但随着生产力的发展，人类生存层面的基本需要满足之后，开始对情感诉求有了更多的关注。甚至，开始有人追求纯粹的爱情。似乎，金钱的力量，已经无法限制男女去寻找自由之爱了。

但上边的三个故事告诉我们，金钱的力量，在男女关系中，仍然是强大的。当你不需要为基本生存苦恼的时候，便开始鼓吹爱情的至高无上，但一旦给予一个舞台，让金钱和爱情进行一番对决，人们得出的结论往往会令人惊诧。

故事一告诉我们：一段婚姻只有爱，是不够的。

如果对方只是没有家底还算好些，如果对方连赚钱的能力都没有，连在这个社会上满足自己生存需要的能力都没有，那么，爱情迟早会被现实打败——当然，即使在没有对手的时候，爱情也经常不战自败。在经济条件不对等的婚姻中，有优势的一方，或许更多地看到了情感的力量；但处于劣势的一方，是无法忽略对方的财富对自己未来的影响的。所以，处于劣势的一方，爱上一个有钱的伴侣的时候，他自己都无法清楚地知道，自己的爱有多少是爱对方的人，有多少是爱对方的钱带来的各种好处。一旦婚姻里有了对对方财富的期待，那么后来就会把对方在经济方面的更多承担视为理所应当。否则，便会转为愤恨。

故事二告诉我们：维系婚姻的因素中，金钱比感情更稳定。

但吸引力的影响普遍是一致下降的，多数的夫妻在婚姻中，逐渐会对伴侣失去一些兴趣。这个时候，其他方面的因素，对于婚姻的稳定至关重要，比如，孩子、共有的社会关系、道德舆论等等，但比这一因素更重要的，就是——财产。当两个人把大半生的努力，转换为财富的时候，谁都不愿意轻易放弃，因为财富能给我们带来安全感和稳定感。故事里的男人，虽然一时自大，以为自己可以没有这些财产。但第三者未必就不看重，谁愿意和一个把前半生成果留给了别的女人的男人共度越来越"不值钱"的后半生呢。所以，和第三者的激情过后，钱仍然是绕不过去的话题。当在本来看似纯粹的感情里，有了钱的干扰的时候，爱情带来的义无反顾会突然被浇醒。于是，他回头看到了家庭的温暖，看到了那平淡的如亲情般的伴侣之爱。所以，我想，A女士的老公并非因为没钱才回去，而是因为钱，看到了自己婚外情的幼稚。

故事三告诉我们：两个人在感情上失衡的时候，钱是可以起到平衡作用的。不管故事里的当事人如何复杂地解释自己的行为，但结果是情感上辜负对方的人向被辜负的人支付一些金钱之后，两个人的心里都平衡些了。愧疚的一方减少了愧疚，怨恨的一方也减少了怨恨。在这个世界上，不管是优秀的男人，还是优秀的女人，都更容易被异性爱上。所以，有钱的男人更容易找小三，有钱的女人也可以在婚外找到年轻男人。有些人会坦诚自己是爱上钱，于是关系倒也简单。但是有些人偏偏不承认，以为自己只是爱上了对方的优秀。但真的把钱当成变量来测试的时候，关系的本质就暴露出来了。

女人要会利用金钱经营更好的人生和婚姻

女人是感性的。在婚姻中，往往只看到了自己对婚姻的依赖，对关系的依赖，而忽视了财富的力量。这也是很多女性在婚姻里越来越被动的原因。在该利用财富稳固婚姻的时候，只相信爱情的地老天荒，不屑于做这样的事情；在被辜负应该维护自己利益的时候，又只顾上哭天抹地，失去了止损的机会，最终人财两失。

所以，从现在开始，女性要调整自己对于金钱的一些信念。我们不仅要歌颂爱情的力量，也要有勇气坦诚金钱的力量。从现在你要开始相信：

（1）不管婚姻里，还是婚姻外，谈钱不丢人，没钱之后可能会丢人。

（2）没有人愿意失去金钱，所以，让伴侣把更多的钱放在婚姻里，而不是自己拿着。

（3）当我们不小心失去婚姻中的财富的时候，具备赚钱的能力将是我们翻盘的最后资本。

（4）金钱不是爱情的敌人，所以，利用好金钱，可以让爱情更美好。

（5）当爱情不在的时候，金钱也可以让生活美好——至少可以让你不那么狼狈。

（6）把钱交给女人的男人，即使犯了错，也不能否定其忠诚；没交出来的，即使没犯错，也不算一心一意。

最后一句：
有时候，钱真是个好东西——把爱放在它面前一照，就验出了真假。

专业课

—— 看透婚姻的本质

怕"腻"的中年男女,究竟在焦虑什么?

两个版本的"防腻十条",掀起中年男女心理波动

最近两年,男女彼此谈论的时候,"腻"成了一个热词。先是作家冯唐的一篇文章《如何避免成为一个油腻的中年猥琐男》,从一个中年文艺男的角度,对中年男性做了自省。后来,女作家美亚回应了一篇《如何避免成为一个肥腻的中年妇女》,表示如果男人真的正视直男癌、不思进取等问题的话,女人也愿意配合地做一些改善。

冯氏男版"防腻十条":
(1)不要成为一个胖子。
(2)不要停止学习。
(3)不要待着不动。
(4)不要当众谈性。
(5)不要追忆从前。
(6)不要教育晚辈。
(7)不要给别人添麻烦。
(8)不要停止购物。
(9)不要脏兮兮。
(10)不要鄙视和年龄无关的人类习惯。

美亚女版"防腻十条"：

（1）不能发胖。

（2）不要当众吐槽你的老公，只谈论你的孩子。

（3）有一两个男性朋友。

（4）要接受新事物、学新东西。

（5）不要太操心。

（6）不要再滥用自己的性别优势。

（7）不要流露出中年妇女的猥琐。

（8）能力之内，用最好。

（9）永远不要放弃美的权利。

（10）保持单身力。

仔细看这男女两个版本的"十条"，会发现有一些共同点，比如在动机方面，都是愿意适当地取悦异性。因为冯唐是在听取了很多女性的意见之后总结出来的他的"十条"，并且在文章最末说要"敬爱女性"；而美亚的态度则是如果男性态度可取，女性也愿意对自己有上述自律。再比如在内容方面，都含有外形上适当自律、保持自我学习和更新、保持年轻和活力、不随便和异性谈论性话题、不要随便说教、议论别人和影响他人的生活这些内容。

当然，内容也有一些区别。比如，男版里边多出两个内容：一个是不要太拿自己以前的成绩当回事儿，要继续奋斗；另外一个是在不要教育晚辈那一条里，还藏着一条"不要教导女性"——其实，这藏着的半条才是最敏感的内容。

而这女版的里边，则多出了在幸知平台经常会看到的两个内容：一个是情感自立；一个是善待自己。

女性的怒怼,换来男性迟来的觉醒

时代已经不一样了,但是很多有话语权的男人,却都还犯着"男人都会犯的错"。在即将过去的一年里,先是某公号发表了一篇《一桌没有姑娘的饭局,还能叫吃饭吗》,接下来是某位微博大V说了一句"像我这种有点阅历、有点经济基础的老男人……除非是不想,否则真心没啥泡不上的普通漂亮妞儿",然后是许知远跟和俞飞鸿浅薄地谈论性、情爱和潜规则,赵雷在舞台上唱《三十岁的女人》——"至今还没有结婚",以及韩寒在电影《乘风破浪》里的歌曲《男子汉宣言》——"你每天早上不能起得比我晚,饭要做得香甜,打扮起来要大方"……一系列的事件,引起了新女性一波波的怒怼。

这种反击当然是这些男人们没料到的,不免有些措手不及,场面一度像大街上一群女人围绕肇事男人,男人躲不开还没法还手的画面。

杀鸡儆猴的效应出现了,于是引起了"聪明男人"(美亚语)冯唐们的自省。这种自省承认了在女人眼里,男人身上真的有诸多难看的地方,男人真的自大了,而且不上进。但是,也并没有直接承认男人所犯的根本错误,那就是内心深处的男权思想。大概是自觉三观已定,无须多言。于是,只说句"不要教导女性",意思是,男人心里想的那些事,以后不能乱说了。

所以,可以说,冯唐的文章其实代表了一部分男性的觉醒,这部分男性开始认识到,在这个时代,女性的力量已经越来越强,而且部分女性也有了相当的话语权。作为男人,如果意识不到这种两性关系的变化,会被各种花式打脸。而这篇对男人的自我要求,其实是向女性发出取悦的信号。这种信号,在以前是罕见的。

而反观美亚的十条,作为对冯唐们的回应,其实之前一直都在做——在过去的年代里,女性擅长反省自己,擅长取悦和迎合男人。所以,这些内容看起来都很眼熟。

怕"腻"的深处是:中年焦虑+关系焦虑

除了两性之间的恩怨,其实,这两个版本的"防腻十条",也都包含着中年男女对自身的深深焦虑。这种焦虑,既有对人到中年自身的身体、能力、活力的焦虑,也有对自己在关系中的影响力和魅力的焦虑。

男人的焦虑,更偏重于自己的能力和影响力。人到中年,事业版图的概貌已经隐约成型。现实与理想的差距,让男人不再自信。以前凭借中年的物质积累和阅历积累,是可以唬一下女人和晚辈的。但现在,女人越来越独立,孩子们越来越有个性。谁在乎你之前的那点成绩,谁管你之前有过什么风光。一言不合,照样怼你。

女人的焦虑,更偏重于关系的焦虑。要想和男人分庭抗礼,女性就需要减少对男性的依赖。这种依赖有经济方面的,也有情感方面的,做起来并不容易。谁不想被男人宠一辈子呢?但是,凭什么呢?

中年人最重要一课:接纳现实,安顿自己

有一些事实,其实从来都显而易见。多数男人的能力,在这个世界面前,都是微不足道的;多数女人的外在魅力,在这个世界面前,也是无法一如当初的。

在年轻的时候,不管男人女人,都可以为自己的人生最高点而努力,无论是追求成就,还是追求爱,字典里可以没有命运和宿命这些词语。但是人到中年,我们需要爱上另外一个世界——这个世界会摊开手告诉你:你能做的其实并不多,除了照顾好你自己。你再努力,可能最后的成就在无关的人眼里,也不值一文;你再美好,可能也无法让更

多人对你宠爱如初。

更何况,老天赐予我们的那些东西,都自带有效期。过了一定阶段,我们的身体条件和能力就会萎缩,我们的容颜就会衰老。到了点儿,这些东西都会被慢慢收走。

一个人敢打敢拼,并不算真的勇敢。能够面对自己的失去,无怨无惧,才是真的有勇气。

所以,人生的后半程,斗天斗地不再是主题,因为那需要你一直用极限的状态,用勉强的姿势,去生活。现在,你需要学会开始用自己真正舒服的姿势面对人生,做自己擅长的事,做自己喜欢的事,不强求,不拧巴。

当然,自己舒服,要以不恶心别人为前提。所以,我们要把自己弄得干净些、得体些,不污染环境,不破坏和谐,尤其是不要再强势地去妄图影响别人。你的经验,你的道理,自己留着。除非别人真的想跟你要,你再斟酌给一些。如果别人只是客气一下,你不要当真,不要太把自己当根葱。

怼来怼去这种事情,终究是需要有所仗势的。但,我们最终要失去一些岁月给过我们的武器,只留下我们自己打怪挣下的从容不迫。面对肥腻,面对油腻,我们可以做一下象征性的挣扎,以保持我们对岁月的权威的尊重。但只有自己经历了前半生所收获的人生姿态,才会让我们的后半程人生趋于完整,趋于圆满。而这种姿态,也才是我们在人生里真正的属于自己的"大招"。

做对这道选择题，奖励"有名有实"的婚姻

先来一道清新扑面的选择题

"早年间"，有个非常快乐的台湾综艺节目，或许大家还记得就是《康熙来了》。我对这个节目印象最深的，是某期有一个口味非常"清新"的选择题：

"屎味儿的巧克力"和"巧克力味儿的屎"，如果必须选一样吃，你选哪一个？

当年这个题目引起了我深深的思索，这一思索，就好多年过去了。至今，每当看到有人吃巧克力的时候，我还会去给他出这个选择题。每次听完题目，本来嚼得津津有味儿的他们都一致僵在那里，投给我一个景（zeng）仰（wu）的表情，把吃了一半儿的巧克力塞给我，拂袖而去。

其实这是一道人生哲学题，考验你更关心"名"还是"实"。在这道题里，有人觉得，材质是实，味道是名——便便终究是便便，弄成什么味儿都是便便；有人觉得，味道是实，材质是名——你管什么材质，本来你吃的就是味道，只要味道对了，又不会毒死人，那就没问题。所以，据说这两个选项的支持者，都大有人在。

名、实安在？——婚姻的四种类型

当然，我们今天要讨论的，仍然是婚姻。对于婚姻，也有"名"有"实"。在名与实之间，太多的人在挣扎与纠结。我们说的婚姻之名，指的是婚姻的壳子，或者说就是那一张证书；我们说的实，是指婚姻的基本功能，也就是角色责任的担当。

根据婚姻的名与实的状况，在这里，我把婚姻状况分为四种：

（1）有名有实：婚姻健康，面子和里子都在。夫妻双方各尽其责，相互扶持。

（2）无名有实：离婚了，但由于某些原因，婚姻的功能还在。也就是我们平时说的——离婚不离家。

（3）有名无实：只剩面子。婚姻的功能已经不完整，同床异梦，甚至分居。我们可以称之为——离家不离婚。

（4）无名无实：婚姻功能已经没了，婚顺其自然地离了。

如果可以，我们当然都想要有名有实的婚姻。如果感情没了，最好也就各自踏上新的旅程。对于第一种和最后一种，其实我们没什么好说的。今天，我们要聊的，是中间的这两种。

离婚不离家：不放手，是共同的需求

有良知的作者到这里都会开始举例子：

A：妻子出轨，以为遇到了知心爱人，并要求离婚。丈夫同意了。但没多久，妻子和第三者的感情也走到了尽头。为了照顾孩子方便，两个人还住在一起。丈夫其实对妻子也还有感情，但心里有个心结。所以两个人一直也没提复婚的事情，就这样一起过着。

B：丈夫开公司负债，为了避免家庭经济损失，办了假离婚，净身出户。后来危机之后，本来该复婚，却发现丈夫外边已经出轨。丈夫几次表示愿意回归，却无法克制自己的出轨行为。丈夫也表示，自己只是在外边寻欢，并不想破坏家庭。妻子无法接受丈夫的不忠，但内心也不愿意放弃婚姻，希望复婚。丈夫却觉得，自己净身出户，离婚的状态下，有一定的自由，内心愿意保持现状，而自己和妻子谁也离不开谁，将来也有退路。所以，丈夫提出，自己可以在家庭里尽自己该尽的责任，但也想要自由，一旦复婚，自己会背负太多的愧疚和自责，所以，希望保持现状。

我们看到，这两种离婚不离家都有一个共同点：那就是，大家都还需要家庭的功能存在，其实大家在生活上、在心理上还需要彼此。

我们也看到一些不同点：案例 A 中，丈夫的自尊心受到伤害，没有治愈。也就是说，虽然实质上复合了，但在心理上，还有问题没有处理，这是复婚的障碍。可以说，没有重新办理结婚证的根本原因是——由于信任和自尊问题没有解决，不具备重新建立婚姻契约的条件。

而在案例 B 中，丈夫看到了婚姻束缚自己的一面。对他而言，结婚证像一个符咒，只要办了，就会让他感受到约束和心理上的愧疚，所以，他意愿度不强。

一纸证书，要办的话看起来非常容易，经济成本和时间成本都很低。但是，这一张纸却需要有一个平等、信任的基础，也需要双方都愿意接受婚姻责任和约束的勇气。如果缺了这些东西，这些有实无名的婚姻，暂时就没有破局的条件。

离家不离婚：没什么不能将就，只要你的期待足够低

关于人们对婚姻的期待，有一个普遍规律：就像是买股票，一开始都是有一定期待的，但慢慢地，生活这个大课堂让我们降低了期待，慢慢接受现实——婚姻似乎并没有我们当初想象的那么美好。如果画一条曲线的话，大趋势都是下跌的，先急剧下跌，最后趋于平缓。

但是，有些婚姻的期待曲线，下跌实在太厉害了。如果站在女性的角度，也许有这样的一个变化过程。

——希望他能给我幸福的一生，衣食无忧，没有什么压力和负担，没有那么多不开心，宠我一辈子。

——不希望他大富大贵，能满足这个家的需要就可以。希望他能一直对我好。

——看起来现实生活没那么多浪漫，平平淡淡也好。

——他话越来越少了，我都快不认识他了。我希望他能跟我多交流。

——希望他好好过日子，别瞎折腾，珍惜我们的婚姻和家庭。

——希望他按时回家，别出轨，别惹事。

——希望他知错能改，别太过分。

——希望他还能回来，还没完全放弃家庭。

——不在乎，就不会受伤；没希望，就不会失望。反正他也没想离婚，不对他有别的期望了。我过我的，他过他的。

我们看到，当婚姻的双方，看到在婚姻里得不到自己想要的东西的时候，便会对婚姻降低期待，以让自己能够撑得住，能够不崩溃。大

多数的婚姻，期待会有所降低，但不会没有底线。但也有少数人，会降到看不到底线。他们从不打算放弃婚姻，而且也能做到——只要你把对婚姻的期待降到足够低，低到婚姻的功能，一项一项被减掉。最后，只是名义上的一个伴侣而已。

经常有来访者会问："老师，你觉得情况都这样了，我是不是要离婚了？"我只能回答说："这要看你对婚姻的期待是什么呀。有些人什么样的婚姻都能维持，有些人则什么样的婚姻都不满意不将就。没有什么婚必须离，也没有什么婚一定不能离。"

如何转向"有名有实"的婚姻

当然，首先是你觉得你需要"有名有实"的婚姻。有些人，已经志不在此。比如下面说的第一类。那么除此之外，多数人还是会把"有名有实"的健康婚姻，当成自己的追求。

1. 对于那些想要婚姻之实但不愿意让婚姻束缚的人——

我并不觉得这种想法太天真、太无耻。站在历史长河看，婚姻这东西，前途未卜。更多的自由，更少的束缚，是人类一直以来的追求。但问题是，你在当下的时代，追求未来的东西，作为先驱，总要付出一些代价。首先就是如何向伴侣解释你这种理想。多半情况是，对方会觉得你很无耻，你的家人也不会理解你。

但如果对方和你对婚姻的限制有同样的讨厌，那么你要面对的问题就是你是否能接受对方想要的自由。如果能接受，那么你们就进入了新式的非婚同居时代，两个人维持基本的家庭功能，但在情感和性方面，互相保留着自由。

所以，这类人你先要弄清楚，你是真的认同这种模式，还只是自私地想让自己单方面拥有自由,而对方仍然在婚姻里等你。如果是后者,那的确够无耻的。

2. 对于那些身处婚姻之实,但因伤害没能修复婚姻之名的人——

对于背叛和伤害,你还无法放下。不管你是被伤害的人,还是伤害了对方的人,因为曾经的背叛,你们觉得你们的关系配不上那一张纸。

所以,原谅和被原谅,是一个无法绕过的问题。然后,才是信任的重建,最后才是婚姻壳子的修复。

原谅一个人,需要客观地认识对方的背叛到底是什么性质。信任一个人,需要确认对方之前背叛的动力已经消失,行为模式已经调整。

被一个人原谅,需要真正认识到自己问题的所在,自己确认自己不会再用同样的方式,去应对生活中的诱惑和冲动——然后,接纳对方"需要释放情绪和疗愈的时间"这一过程。

3. 对于那些对婚姻已经不敢有期待的人——

你所面临的工作,有一定的难度。因为,你首先要让自己相信:你仍然值得拥有更好的人生和婚姻。

或许,你从一开始骨子里就觉得自己不配拥有;或许,你是在婚姻里遭遇了一个猪队友而蒙受多次打击之后变得习惯性无助。

但不管怎样,你需要借助一些外力,或者环境的改变,让自己重新燃起对生活的希望和信心。

当你重新拥有信心的时候,你会面临两个选择:A. 通过自己的努力,带动猪队友改变婚姻;B. 换个队友。

回看你的婚姻，"名"是否还在？"实"是否完整？你有没有打算做点什么？蝴蝶效应，缘起一念。

最后，再回到那个严肃的问题：

"屎味儿的巧克力"和"巧克力味儿的屎"，如果必须选一样吃，你选哪一个？

我的答案是：把这两样东西，都塞到出题人的嘴里。

然后，把巧克力的味道还给巧克力；把屎的味道还给屎——

这样，人生的选择就简单多了。

女人对婚姻的四种态度，你是哪一类？

婚姻情感类的咨询做多了，脑子里经常会浮现出一副画面：

所有的女性浩浩荡荡地走在婚姻情感的大道上，形成了一个庞大的队伍。在这个队伍当中，隐隐包含了四类人：

第一类：走在前边，瞪大眼睛四下观察的人。

第二类：走在中间位置，迷迷糊糊随大流的人。

第三类：走在队伍最后，牢骚满腹、拖拖拉拉的人。

还差一类，哦对，就是那些离开了队伍，走到了荒野中，还不肯回来的人。

走在最前边的第一类人：婚姻是人生的选修课

这类人的自白一般是这样的：

虽然我也有感受，有情绪，但当婚姻里出现了问题，我会想，问题的背后是什么？它呈现了我们两个人在婚姻里怎样的状态？我在思考，婚姻带给我们两个人的是什么？有哪些是我们需要的东西，有哪些对我们来说是代价？是不是当我们得到的东西和代价失去平衡的时候，我们的婚姻就一定出现了问题？

我是继续忍受这些问题带来的情绪和感受，维护一个家庭的完整，还是尊重自我的感受，放弃婚姻的束缚？还是通过调整消灭问题，改善我们的婚姻？

你会看到,这类女性的思维方式有很多特点:

(1)她很少谈论对错和道德,更不会拿着道德当武器,去要求对方怎样,也不会通过社会舆论去给对方施加压力。她相信,如果婚姻出了问题,一定是某个地方失衡了。这时,她更愿意谈谈人性。

(2)她不认为,婚姻情感有唯一的标准,她的情感观是多元化的。甚至,她不认为婚姻是人生的必需品,或许,尊重个人的感受才是。她认为从一而终是某些人的活法,尊重自己的感受,率性而为也是一种生活方式。

(3)第三者是一个中性词,不用拿道德去贬低,也不用因追求爱情去歌颂。大家都是成年人,只要你能为自己的选择负责,一切选择都可以理解。

(4)出轨,是一种跑偏,但其实也是一种选择。这种选择的背后,意味着婚姻中的两个人,要做些改变了。在这样的事情上,谴责是没有用的,是不能解决问题的。

(5)她还认为,没有人可以为我负责,只有自己能对自己负责——我也不会把自己的人生寄托在别人身上。

这类女性来咨询的时候,她需要的往往只是——确认。她需要和人一起讨论梳理,以确认她的想法是客观的,她的感受是正常的,她没有压抑或者转移自己的情绪。

一般给这些女性的建议是:其实你知道自己想要什么,我们等你的好消息。

随大流的第二类人:婚姻是人生的标配,但我宁缺毋滥

第二类人的自白通常是这样的:

这个世界上,多数人还是要待在婚姻里。婚姻给我带来安全感,虽然不完美,但大家不都是一样在忍受吗?我看到有人做了很多勇敢的事情,比如保持单身,我觉得或许她有她的道理,但我一定不会去那样做。我宁肯调整自己的认知,像多数人一样生活。我不求轰轰烈烈,但求岁月静好。

当然,如果配偶真的触犯了我的底线,我会很难过,但为了自尊,我会忍痛割爱。

这类女性占有最大的比例。她们的思维方式一般是这样的:
(1)人生本身就是一场将就。适应这个社会的主流,是安全的,也是最稳妥的。
(2)我渴望理想的婚姻,但我不想成为先驱和另类。我愿意有所忍耐,但我必须有底线。
(3)我不愿意改变,我希望一劳永逸——如果生活允许。
(4)我会抱怨,我会指责。但是,这危及婚姻的时候,我愿意去改变。
(5)我希望被捧着,被宠着。如果不能的话,我希望婚姻至少是平等的,我坚持尊严,拒绝卑微。

这类女性来做咨询的时候,她最需要的是看清和鼓励。她要看清自己婚姻的状态是怎样的,是否已经失去了平等的基础。如果问题是可以解决的,那么责任是在对方还是自己。如果需要改变,或者放弃,那么她需要得到鼓励。

对于这些女性,一般我会这样去鼓励:我知道你如此不易,但其实你可以的。加油!

拖在后边的第三类人：我不离婚！教我挽回！

第三类人的自白通常是这样的：

我是受害者！我很可怜，我很痛苦。我需要帮助，你们要救救我！

人生对我很不公平，他对我很不好。我把青春都给了他，我为这个家付出了那么多！他是个王八蛋，他就是个人渣。

但是，我不想离婚，我绝对不能离婚。我不知道离婚之后怎么办，如果离婚之后，我可能就没人要了。

这类人的思维模式比较简单：

（1）我付出很多，我一心一意为这个家好。
（2）前期：他就是个人渣。这个世界烂透了。天下没有一个好男人。
（3）后期：他出轨，是我的问题，我犯了很多错误。我很差，我一无是处。
（4）离开这段婚姻，不会有别人要我的。

这类女性来咨询的时候，一般是两个目标：一是你教我如何忍受他的混蛋，我需要身处痛苦而不觉，因为我不敢离婚；二是他要离婚，我怎样才能改变他的想法。

对于这类女性，一般我会说：去人群中，找回自己。只有在人群里，你才能找回自己对事情的控制感，才会找回自信。

游离荒野的第四类人：我不管事实是什么，我只要那个结果

第四类人的自白往往很简单：

你们说的我不听。我只想知道，我如何能实现我的目标？别跟我讲道理，别让我接受什么现实，你就告诉我，还有什么办法，能让我得

到这段感情——我要给他生猴子！

这类人因为比较关注目标，思维也都很直接：
（1）我不在乎事实是什么。
（2）我不在乎别人怎么看，我不在乎什么社会规范。
（3）一切都可以成为我达成目标的手段。
（4）婚姻？不重要。我要的就是和他在一起。

这类人一般都处于畸形的恋爱关系中，对于正常的婚姻关系并无太多概念，或者说，没有那种奢望。于是，追求的并非世俗认为的幸福，而是比较自我的目标。所以，来咨询的目标就是：如何能和他在一起，更多地在一起。

对于这样的来访者，我满怀抱歉：对不起，我帮不了你。

无论你走在队伍的哪个位置，其实，都没有绝对的满意，或者让你毫无痛苦。每个人都在自己的处境里，面对自己的纠结。这一点是相同的。

不同的是，有人最终接纳了处境，并做出了能够适应处境的选择，并且让自己不那么痛苦。

而有些人，则不顾现实，完全不肯放下一个自以为更好的结局。那么，痛苦就会一直存在。

所以，执念越多，人的痛苦就越多。直面现实，心就获得了自由。

发现男人说谎，到底要不要揭穿

上帝造人之初，男人和女人大概是和谐相处的。那个时候，有伴侣的男人心无旁骛，女人从不猜疑。人间的婚姻都和谐美满，幸福指数超过了天堂。这让天神们产生了不满，于是，他们议论："这，不太合适吧？"

于是，天神们在人间悄悄给男人和女人下了一种药。给男人下的叫"不忠"，吃了之后会经常想和不同的异性发生点关系。给女人下的叫"依赖"，吃了之后，会对一段关系产生依赖，自身功能退化。同时，男人会得到一种新技能——撒谎，女人也会得到一种技能——第六感。

接下来，天神们搬着马扎，吃着火锅，开始看戏了。在人间，一场男人女人之间的旷世之战就开始了。中毒深的男人们，不停地找机会和其他的异性撩骚、暧昧、上床。中毒深的女人们，打开了第六感的雷达，从蛛丝马迹中找到男人不忠的证据，然后哭闹、咒骂、惩罚。人们相互伤害、相互攻击，他们不再敢照镜子，因为每个人的面孔都从美丽变得充满了怨恨、愤怒、攻击。

好好的人间乐园，变成了丧尸围城。

福尔摩斯都叹服的猫鼠游戏

记得在微博有一个很火的主题"你是如何发现男票劈腿的"，清晰地呈现了男人和女人在人间的斗争细节。

有女人从异地男友自拍的照片里,看到背景的柜子里自己的化妆品被收了;

有人聊天的时候发现男朋友突然开始用"嗯哼"这个新的语气词;

有人看到厕所的纸篓里有一张和自己与男朋友叠法不一样的卫生纸;

有人听到男人接了个电话,只说"嗯,嗯,好,拜拜"而没有任何的称呼;

有人发现男人很久没清理聊天记录了,唯独没有某个偶尔该有联系的异性的记录……

然后,结果都一样,女人得出了一个结论:对方出轨了。而且有些女人怀疑男人不对劲的时候,能从老公手机几百个联系人里,迅速找出出轨对象的号码——毫无理由却一击命中。

有人说,女人看男人就像老师看小学生作弊,你以为很隐蔽,其实在讲台上看得一清二楚。

还有人说,男人讨厌女人猜疑,往往是因为——她们猜得太准了。

发现老公说谎要不要揭穿

曾有一位网友提出这样一个问题:老公说谎要不要揭穿?她的情况是这样的:

我跟我老公结婚三年,小孩两岁,其实感情一直非常好。但是第一年,我发现他婚后一直出轨前女友,发现后纠缠了很久。后来他分手了,但是我们陷入争吵的恶性循环中。后来他又出轨了两次,时间都很短,我像福尔摩斯一样监视他,所以很快被发现。后来接受了情感咨询,我开始调整,修复我们感情。但是我还是时不时地发现他说谎,比如我们一起看电影,我发现他其实看过了,只是在假装。我承认我现在非常敏感,但是以我们两年的了解,我真的觉得他在说谎,我要揭穿吗?我不想再去监视他来找证据证明我是对的。他也过得小心翼翼,什么东西都怕我怀疑,我们两个都很累,老师,你说应该怎样做呢?我一方面想相信他,给他机会;一方面又觉得他还会再犯,我不能被骗。

如果"不忠"和"依赖"都是一种病,那么上面这两个人都是晚期。老实过日子,男人做不到;装瞎过日子,女人做不到。男人不老实,是因为戒不掉不忠。那女人呢?

女人面临的选择,似乎是包容,或者绝不接受。但现在的情况是女人不肯包容男人的不忠,但是,她也做不到让男人戒掉不忠。所以,她面临着是否动用离婚这种终极杀器。但,显然,女人没有提出这一选项。也有的女人遇到这样的情况会问:我是不是该离婚?可是,我舍不得孩子,怎么办?但其实,如果男女因为婚姻出问题而离婚,那么对孩子的危害是自婚姻出问题开始,而非离婚开始。所以,这是借口。

本质上,上面两种情况都是一样的:女人戒不掉依赖。

但这种戒不掉依赖,一直都披着各种外衣,除了舍不得孩子,还有"舍不得多年的感情",还有担心"别人会怎么看",还有担心"以后找不到更好的"。

就像上面的例子:看到了谎言,却不敢揭穿,是因为不知道揭穿之后的戏,如何演下去。管不住,离不起。作为则无用,不作为则近似默许。所以,还不如假装不知道。可是,自尊心却又无处安放,只能来求助。

所以,两个绝症遇到一起,问题无解。

能对付说谎的不是第六感,而是戒掉依赖

对于忠诚,男人和女人是既有共识,也有分歧的。共识是男女都以好好过日子,一起走向未来为终极目标。分歧是一部分男人认为,如果自己有些出轨行为,只是为了满足某些需求,但不影响婚姻的话,那么是应该被接受的,这也算是一种忠诚。而女人认为,这当然不可以,双方都应该绝对视对方为唯一。既然女人不接受,男人又不想放弃,所以男人就想了个办法,我做归做,但不让对方知道,于是男人的需求满足了,也不会伤害到女人了。

本来这的确是如意算盘,但女人自带第六感,识别了大部分谎言,让这算盘落空了。

如果女人没有依赖症,这事情很好解决。如果心硬一些,就果断离婚——因为老娘受伤了,不想继续过这样的日子,一天也不行。如果仁慈一些,就轻轻说一句:"这是最后一次。"然后岁月静好,一旦发现再犯,除了"再见",不再多说一个字。

但很多女人做不到啊,依赖症晚期啊。依赖的本质是什么?说的好听些,叫怀着美好的愿望白头偕老,从一而终,岁月静好。但本质是用最少的代价,最小的风险,过上最稳定的日子。说白了,就是懒,且怂。因为离婚意味着自己要独立面对生计问题,要独立面对孩子的成长问题,还可能以后找不到更合适的,要孤苦后半生。自己怕累啊,怕危险啊,所以不想离啊。

这些,男人都看在眼里啊。你若真敢离,我就立刻回头;你若不敢,我就表面低个头,私底下老实一阵,风声过了照旧。

有时婚姻病了,是因为男人、女人都有病。只不过,男人的不忠

病，可以用道德评价。人们可以骂男人不靠谱，没责任心，近似动物。而女人的依赖病，却包着一层真善美而柔弱的受害者的外衣。所以，有些女人经常会让人觉得，好像很不幸，但却也同情不起来。

所以，以后别光说男人没救了，那是因为有些女人自己没救了。如果一定要找解药，那么，女人的不依赖，不仅是女人的解药，也是男人的解药。

装糊涂竟然是女人的必备技能？

广大女性认为这个世界的规则应该是这样的：
- 婚姻内男女是绝对平等的。
- 婚姻是以爱为基础的。
- 婚姻内伴侣双方应该保持对彼此的忠诚。
- 婚姻内谁不忠诚，就是违反了规则，就应该受到惩罚。而且惩罚一定能实施。

——我们不妨把以上规则称之为婚姻里的理想法则。

但是，部分男性在他们的人生当中得出来的对婚姻的认识，是另外一种模样：
- 婚姻里的平等是扯淡。
- 婚姻里谈爱情是扯淡。
- 婚姻里要忠诚是扯淡。
- 婚姻里的规则是，强者说了算。

——我们不妨把这套规则称之为婚姻里的现实法则。这套规则，更像是丛林法则的弱肉强食的生存规则。

那么，根据这两套法则来看，部分男性的言论，放在婚姻的理想法则里，当然是特别的不要脸。但如果放在现实法则里，看起来却像真诚的劝诫——至少他们自己就是这样认为的。

为什么很多男人喜欢维持表面的和谐

既然在婚姻世界里，有这么两套法则。那么，大家会按照哪套法则来生活呢？

我们每个人内心其实都希望世界是美好的，是和谐的。所以，我们的世界一定是倡导理想的婚姻法则。各种文化在官方渠道都是如此宣扬。各种故事传说，也都教我们要在婚姻里做一个忠诚的人，只有忠诚，才是被社会接纳的。在这种背景下，人们因为自己内心对美好有渴望，也希望自己更好地被世界接纳，所以，都会表示愿意遵守这种理想的规则。尤其是女人，内心丰富而感性，对于婚姻和爱情有着美好的期待，所以，更多地会对婚姻里的理想法则去身体力行。这个时候，婚姻是可以按照这个法则去运行的。

但是，我们也不得不承认。这套法则所依据的信念——男女平等，男人女人都愿意忠诚，不忠一定会被惩罚——很多时候是不符合现实的。当人们愿意为婚姻的和谐而努力的时候，是可以忽略这些根本问题的。但一旦婚姻给婚姻中的个体在很大程度上限制了个体的需求，或者这段关系带来的代价太多，让人不愿意再付出努力去维持忠诚的时候，有些人就会搬出"婚姻的真相"，比如，婚姻里的爱情是无法长久的，婚姻是反人性的，男人天生就是不忠的等等。

但是这些理论，只能在私下流传，在男人与男人之间，以及失望的女人之间，但偶尔一些嘴无遮拦的导演会说出来。当这些理论，在某些圈子里，成为共识的时候，一些男人会开始默默奉行婚姻里的潜规则——现实法则。

但是，奉行现实法则是需要条件的：

一是自己有足够的经济能力和精神独立能力，自己是婚姻里的实力一方，而且对于外界舆论并不太顾忌。

二是婚姻里的伴侣对自己没有惩罚和反制能力，或者对方比自己更看重婚姻的完整。

以上两点，能够保证当事人在婚姻里是主动的，是有能力把事态控制在自己的手中的。

但即便如此，想突破理想法则的肇事者，多数也会在表面遵从理想法则，仍然和发妻恩爱，甚至维持着一个看起来相当圆满的家庭，这种圆满也让外人羡慕。即便，不能如此圆满，很多突破规则者，也希望婚姻保持貌合神离的完整。这符合他在社会上生存的利益最大化。

而且，当事人也会认为，这种表面的和气，也是对方需要的。他希望对方能够认识到自己的处境，不要打破这种和谐。最理想的状态是对方什么都不知道（所以男人要撒谎），自己仍然生活在幻象之中。就算不幸知道了，也要为了自己的现实利益而维持现状，不要打破平衡（所以有时男人说，你只要好好过日子就行了）。因为打破平衡的结果，对方是很难承受的。

——这就是某些男人的一个逻辑背景。

面向美好，但也不惧现实的丑陋

部分男性的话一出口，反击的多数是女人。而另外的男人，或许都在心里默默点头。当然，他们点头是因为他们认可其中很多事实是真的。这并不代表，他们就希望打碎妻子对婚姻的美好期望。毕竟，很多男人依然愿意把责任与忠诚当成自己必备的品质。

对于婚姻的本质和人的本性，成年人都有自己的判断，谁也洗不了谁的脑。只要他们愿意为了家庭的圆满，为了家人的幸福，为了一个自己认可的"自我"概念，而坚守自己的底线，那么就是一个成熟理性的、可依赖的伴侣。对于这样的男人，只要你不去增加他在婚姻里的负面感受，不去折磨他，他自己有能力管理自己。

对于那些骑墙派、左右摇摆的男人，要特别注意。他们内心可能愿意相信，男人都是容易出轨的，这不是我一个人的错，而是"天下男人都会犯的错"。他内心说服了自己之后，就差适当的机会了。

什么样的机会呢？就是女人无力反制的时候。当男人犯了错，女人没有能力惩罚的时候，或者说这个惩罚不足以威胁男人的时候，男人犯错的机会就到来了。这也正是部分男性所说的那种状态——如果你不想离婚（或者离不起婚），就不要去查男人的手机。因为你查出来之后，受伤的是你自己。男人虽然也不爽，但是，并不会伤筋动骨。

所以，作为女人，要想守护婚姻，让这种摇摆的男人不敢有想法，就必须做到让男人不敢犯错。如果犯错，你可以有一种手段，让男人痛，而自己不受伤害——或者至少，让他比你更痛。很多女人没有别的办法，能用的手段只有离婚。这也不是不可以，问题是离婚这件事，让谁更痛？如果是你更痛，那么，你可能无力采取这种方式——多数情况都是如此——那么对方也就免受惩罚了。

我们说过，这种现实层面的婚姻法则，其实就是强者生存的法则。你如果想婚姻静好，就需要让自己不是毫无还手之力的那一个。

坚信理想的婚姻，会让我们的生活更加笃定。男人女人一起努力，一定是可以实现的。毕竟，婚姻中的伴侣，会一起随着岁月的增长，更多地相互扶持，相互依赖。没有人希望因为年轻时的背叛而晚年愧疚，身心凄凉。但我们也要知道，这种生活平稳的基础是婚姻中男人女人的实力差距不要太大，女人不要完全地在婚姻中丧失站立的能力。女人的不求上进，会让男人有机会去悄悄实践另外一套婚姻法则。那里，只有强者的权力，弱者的哀号。

有一种男人，是英雄和人渣的混合体

谈及亲密关系时，经常有人把男人简单地分成两类：好男人和坏男人（亦称渣男）。但其实这种分类方法存在明显的问题。似乎好男人拥有男人的全部（至少是大部分）优点，而渣男则拥有全部缺点。但实际上，这种分法经常被现实情况打脸。

他可以为你舍命，却做不到放弃出轨

被出轨的阿雅就很纠结。相识之初，她觉得老公是一个很爷们儿的人，善良仗义，见不得朋友不好，对自己也特别有保护欲。这让阿雅特别有安全感。婚后老公事业有成，逐渐就不只保护阿雅一个人，开始有了一些暧昧对象，同样是"毫不吝啬"，把爱与金钱都慷慨播撒。经历了多次出轨事件之后，阿雅终于难以忍受，决定分开。

如阿雅所言，这个男人身上有很多行为看起来很渣，比如：

- 不忠，多次出轨。直到面临离婚也无法做到和外边的女人断干净。
- 欺骗，为了隐瞒出轨，谎话连篇。
- 不顾家，以生意忙为借口，每晚在外应酬，不着家。
- 不陪伴孩子，从不参加孩子的家长会和活动。
- ……

但是，在这个男人身上，还有另外一些别的行为，又让人纠结和不舍，比如：

- 在经济上，对阿雅毫无保留，家里的房、车等大件儿都有阿雅的名字，甚至只有阿雅的名字。
- 孩子要什么买什么、什么贵给孩子买什么。
- 他自己的多份保险上，受益人都是阿雅和孩子的名字。
- 对自己的父母特别孝顺，什么事都办得很周全。
- 在阿雅和孩子的大事上，比如工作调动和上学，都竭尽全力。
- ……

甚至，在最终讨论离婚的时候，除了公司运行所需要的东西之外，老公主动提出什么都留给阿雅。同时也告诉阿雅，他不会和别的女人结婚。

但是，他就是不能和外边的女人断干净，就算断了也会再犯。最后老公眼看婚姻留不住，诚实地谈出了自己的婚姻观，他说："其实，男人只要有能力，最终都会变成这样，女人最好是睁一只眼闭一只眼。只要不知道，其实就不会受到伤害。反正我绝不会为别的女人破坏自己的家庭——这是我的底线。"

阿雅当然接受不了这种"无耻"的论调，但也心下真的舍不下这个男人。

阿雅说——

我相信，不论是过去、现在还是将来，关键时刻他都可以为我和孩子舍命，像一个顶天立地的英雄。

但我也知道，他明明知道出轨对我是很大的伤害，但仍然无法停手，像一个彻头彻尾的人渣。

男人进化论:责任与特权都在减少

像阿雅老公这样的男人,并不少见。对于这样的男人,只要你真的去看见他所做的一切,你会得出两个结论:

首先,这样的男人有很多面,有些所谓的优点和缺点,是并存的。其次,这样的男人并非从某一天开始变坏的,更接近真相的可能是,他们一直都是这样的人,只不过在不同的环境下,呈现不同的一面而已。

其实,这两个发现毫不奇怪,只不过是我们以前对一个男人的评价太过简单了。每个男人都有自己成长的背景,这种背景让一个男人有了自己的三观,他的三观决定了他的行为方式,而我们看到的某些行为,只是他行为体系里的一些点而已。

根据这种成长心理背景的不同,我们可以借用"传统、现代、后现代"的分类方式,来描述男人的差异。

1. 把责任和权力都看重的"传统男人"

传统男人继承了封建社会的大男子主义思想。这帮男人的典型特点就是,把自己的责任放得很大,同时也把自己的权力放大了。古代男人所受的儒家教育就是"修身齐家治国平天下",可以说是根据自己的能力,可以把自己的责任扩展到无限。虽然现在男人很少把这句话放在嘴上,但是在现在的社会里,这种思想仍藏在"大男人"心里的某个角落。其实,在这种背景下的婚姻男女,形成这样的局面,是因为分工是完全互补的,也就是常见的男主外女主内,男主人只负责把钱弄回家,剩下的其他事情,都由女性承担。

这种思想下的男人,也从来不真正地承认男女平等。一方面,他觉得男人不应该让女人承担养家的责任,会以此为耻;但另一方面在男女关系上,更倾向于我能力强,就可以多温暖几个女人,这是我的责任。此外,这类人还认为,我能力强,就要多繁衍后代,或者扩展我的影响力,我扶持晚辈和弱者,然后这些人就会成为自己内心"帝国"的一部分。

这类男人,对于自己"帝国"的每一部分都期待自己绝对负责,尤其是自己的父母、妻子和孩子。这些人过得好,自己才算成功。但这种好,更多体现在现实生活所需资源的层面,对于和这些个体的情感交流方面,这些男人是不太看重的。偶尔有特别的交流,那都是"做大事、顾大局"的大男人所不屑的"儿女情长"。

2. 剧烈冲突中的"现代男人"

到了现代男人这里,事情发生了一些变化。他们所面临的正是当下的多数人面对的社会环境,女性更多地走出家庭去工作。女性有了经济收入,可能多数不如男性收入高,但因为有了养活自己的能力,所以话语权得以大大提高。这带来了两个变化,一个是养家的责任,已经比较明确地由两个人一起承担,男性需要更多承担的可能是婚房的购置和结婚时的一些彩礼。在婚后,基本上共同承担家庭责任。另一个变化是婚姻里的男女在家庭里的分工趋于雷同,原来互补的特征减少了。大家都赚钱,那么大家都承担一点家务,内外不再分明。所以这种情况下,很多男人不再胸怀天下,知道自己的能力在当代社会毕竟有限,需要妻子一起承担;同时也会相对平等地看待妻子。至少表面上,他们会遵守当代社会所提倡的法律上的、文化上的男女平等。

但改变并不是那么顺利,总有些男人仍然残存着传统的基因,或者表现为养家赚钱的责任推给了妻子一半,但家务却不想承担;或者是自己没有"怀柔天下"的能力,却还有"关怀"其他异性的一些想法。但这些都是偷偷摸摸的,这些男人认为,男人本性上的确更容易出轨,也更方便,但在权力上并无此特权,所以会受到惩罚——这是现代男人和传统男人的一个区别。

3. 谁也不欠谁的"后现代男人"

有一类男人,的确很尊重女人,但很多女人却享受不了。因为这些男人,有点不太"男人"。这些男人真的相信男女平等,所以,你不要指望我为你多做什么。你和我上床,那是两厢情愿,所以,我们互不相欠;你和我结婚,我们承担相应比例的责任和权力,我不占你便宜,但你也不用期望我大包大揽。这就是后现代男人。在任何领域,提起后现代,都代表着多元的价值观,代表着反对传统的标准模式。

这种男人的世界里,男女的家庭分工已经完全一样了,不再注重什么互补。这类男人更喜欢独立的女性,因为独立的女性有经济能力,两个人可以都不成为彼此的负担。谈感情的时候,更尊重感觉,感觉在的时候,我们就在一起,感觉不在了,平静分手。没有什么一诺千金,没有什么为你可以付出一切。大难临头,这类男人会理性分析,自己作为丈夫应该承担多少帮扶的义务,一旦评估之后发现自己的投入是可能超出自己的能力的,会及时止损。

但这类男人往往看起来真的温文尔雅,有教养,而且真的不会物化女性。在出轨这件事上,也愿意遵守真正平等的原则。如果自己做不到专一,往往也会给对方追求其他感情的权力。他们会和伴侣一起探索更松散的新式的婚姻模式，比如经济和养育孩子方面共同合作，而情感方面，相互保留一些空间。

当然，上面三类男人的表现，都相对典型。有些比较自我的男人，往往是想把各种类型的好处全占了，自己需要什么情感观为自己获取利益时，就搬出什么。这比较无耻。

选择一种男人，就要面对他的多面性

多数男人，还是完整地践行着某一类男人的三观。所以，这些男人的优缺点就都具备了，只不过，在不同的阶段，会暴露不同的一面而已。

那些有能力、有实力的男人，可能只把家庭当成自己世界的一小部分，你无法获得他更多的时间和关注；那些有烟火气、按时回家的男人，往往又很少有太大的成就；那些真正把女性平等对待的男人，可能在付出上不会比你多出半分……

所以对于女人而言，你不能期望一个男人把各种类型的男人的优点集于一身，因为他们附着于不同的内核。但太多女人意识不到这一点，所以才有了那些和霸气总裁谈恋爱而且对方深爱、只爱自己一个的梦想。他出则像个领袖，号令天下；入则像个男仆，给你做饭、画眉——这可是传统与后现代的完美结合呀。

若你还有这样的想象，说明你童心未泯；但若对现实中的伴侣有这样的要求，则说明心智欠缺。

秃顶的男人，到底能不能要

姑娘嫌弃相亲对象秃顶　被索要 2 万元分手费

"秃顶"这个词曾因为"90 后秃顶危机"现象热过一阵子，一度让不少男人战战兢兢地自摸脑门儿。事实上，也有具体的个案。

事情是这样的。一位浙江姑娘，通过相亲认识了一个自称"虽然 32 岁但是本科毕业，身高 170cm，在宁波有婚房"的男人。听起来，即便不算"高富帅"，但也算中等条件。但后来在交往中，发现好像不是这么回事。

首先见面的时候，她发现对方身高根本没有 170cm。对此，对方辩解 163cm 还是有的，但姑娘认为 163cm 也够呛。于是，这男人跟"高富帅"的"高"，是没什么关系了。但姑娘出于"再处处看"的态度，把这事儿忍了。

后来又发现，对方是离异家庭，父亲是赌徒。还发现，所谓的婚房并不是在宁波市区，而是在偏远的北仑，而且是按揭。这次这个事儿有些大了。毕竟，对方的家庭情况还是很重要的，婚房也是大事。不过，男方保证，这是最后的隐瞒，别的没了。姑娘还是答应再给一次机会，认为相处看看，只要对方人好就行（多次隐瞒），其他都是外在因素。不过这男人跟"高富帅"的"富"，也没什么关系了。在外人看来，连 163cm 和赌徒父亲都能忍，这姑娘应该没什么忍不了的了。这婚事估计能成。然而,事情又来了神转折。

相处半年后,双方去订婚宴,女方意外发现男方秃顶。女方事后在网上查了是遗传性脱发,会遗传下一代。于是再也无法接受,决定分手。对方挽留无果之后,拿出了一个"触目惊心"的清单,要求女方补偿2万元。至于每次吃饭日期和花费记得如何详细,以前买的手镯如何强卖给姑娘,这些奇葩细节我们不去追究。我们的重点在于,秃顶这件事,成为压垮这门亲事的最后一根稻草。

——也是,"高富帅"的"帅"也没了,完全走到了理想伴侣的另外一个极端。

没有人是完美的,那我们该计较什么?

在上面这个事情中,对于这个男人我们不多讲了。其实,矮、穷、秃顶,本身都不是问题,社会不鼓励任何人歧视这些特点。但对于自己的相亲对象,你的基本要求就是坦诚相告。至于是接纳,还是介意,那是对方的事情。但这位先生把160cm说成170cm的时候,就已经丢了坦诚的底线,遇到这样的人,第一次见面就转身走人,一点都没问题,更别说后面的各种欺骗和算计。

我们重点要说的是这位姑娘。这位姑娘看起来被坑得挺惨,但实际上,我们看到的毕竟是一面之词。叙述方式中也带着一些可疑之处,比如为何半年才能发现"意外",发现这种"明晃晃"写在脑门儿上的欺骗。当然这也不是重点。

重点在于——为什么那么能忍?把160cm说成170cm这种低级欺骗能忍,父母离异这么大的事儿瞒着也忍,父亲赌博这样的事情也忍,房子模糊描述,让人以为是市区的也忍。这些事情都是事实,本身就是一些重要因素,再加上欺瞒这种人品问题,可以说是双重暴击,都忍了。最后偏偏到秃顶这事儿上,忍不下去了。姑娘的相亲的标准到底是什么?对她而言,什么是重要的,什么是可以忽略的?我们看不太懂。

其实,现实生活里,我们经常要忍受一些东西,经常要将就一些事情。原因很简单,世界上就没有那么完美的事情。不管你要和谁结婚,对方身上的各种因素里,一定会有一些不够好的地方。或许是身高,或许是长相,或许是人品,或许是对你不好……不会每一项都是100分。所以,你要选择一部分将就。现实中,其实很多身上有着明显缺陷的人过得都很幸福。这是为什么?因为伴侣之间知道爱对方什么。

爱与将就,决定了多种情感状态

1. 看似没理由的单身:无爱,什么都不肯将就

有这样一位姑娘,各方面条件并不差。但是因为上完大学回到小县城,谈恋爱的年纪晚了些,结果同龄的男孩多数都结婚了,她的选择对象并不多。这些人里,有的长得还不错但在关系里不主动,有的家里有钱但人无趣,有的看似没什么大毛病却现实又功利……于是姑娘见了很多,都不了了之。身边的人看了看那些被她甩了的男孩,都觉得似乎没什么不能接受的缺点,于是都说姑娘太挑了。但实际上呢,就是因为没有特别的喜欢,所以,什么都不愿意将就。任何一个缺点,都可以成为她拒绝走进婚姻的理由。

2. 鸡飞狗跳的婚前:无爱,不知道该将就什么,不该将就什么

具体的例子就是上面这个被讹2万元的女孩吧。或许,她从来都不知道自己喜欢什么样的男孩;或许,她自己就是个妈宝女;或许,她把自己看得很低。所以,她在和这个秃顶男生相处的前半年,只想过

自己要忍什么,却从来都没想过爱什么。所以,对于一个品行如此奇葩的男人,稍微一接触就能发现一些端倪,她却用了半年仍然不能将其淘汰出局。可见选择对象的标准是多么的模糊不清。

3. 经不起风浪的婚后:无爱,却将就着走到了一起

如果上面的女孩这次舍不得 2 万块,而继续和这位先生结婚。那么,他们就会把鸡飞狗跳的状态带进婚姻里。当然,更多的情况是,在我们身边,没有太多感情基础也没太多毛病的男女走进了婚姻。两个人在关系不好的情况下,任何一些以前没注意到的、不如意的事情都会成为冲突的素材。不仅是秃顶,哪怕是脚臭、不剪鼻毛、放屁太响等等都会引起连绵的战争,然后也一定会因为不满引发一些所谓的重大问题,比如婆媳问题、夫妻生活不和谐、出轨等等,最终闹到离婚的边缘。

4. 义无反顾的结合:有爱,什么都可以忽略

就说宣布结婚的苍老师吧,他的丈夫肯定非常清晰自己喜欢苍老师什么。总之,有爱的婚姻里,缺点都会变成爱的理由。

所以,归根结底,秃顶的男人能不能要,唯一要看的,就是你是不是爱他。如果你不会爱一个人,那么,什么缺点都会成为你亲密关系里过不去的坎儿;如果你真的爱一个人,秃顶又怎样。女儿国的国王都不介意唐僧秃头,你有什么好计较的。

"背叛"母女同盟,才能有个独立美满的家庭

在人类漫长的夫妻斗争历史中,似乎有一个传统。那就是当妻子感觉不占上风的时候,便会拉上孩子做同盟。一般而言,母亲的柔弱与苦难会打动孩子,而父亲也成了被孤立的共同敌人。当母子或母女同盟在生活的风雨中越来越坚固时,一颗定时炸弹也就埋在了子女未来的情感世界里。

一个母女同盟,贯穿两代问题家庭

一位叫小丽的女性来访者,向我们讲述了她的困惑。

她自幼生长在一个并不幸福的家庭,而所有的不幸福,都因为有一个不合格的父亲。父亲长期在外工作,对母亲无情粗暴,对孩子冷漠疏离,只对自己老家的父母兄弟姐妹好。而母亲是一个"超级善良"的人,勤苦一生,独自把孩子带大。如今,自己和丈夫有了孩子,母亲来帮着带孩子。而公婆由于没退休,请了保姆来帮忙。

这个家庭组合,看起来其实不错。但没想到会陷入绵延不绝的战斗中。冲突首先爆发在保姆和母亲之间,起初是一些小事,小丽母女认为保姆是婆婆从老家请的,所以,对她们不够尊重,甚至伤害了母亲。母亲向婆婆告状之后,婆婆反而偏向保姆。于是,母女俩和婆婆就对立起来了。在这当中,小丽当然希望丈夫能站在自己这边,哪知丈夫假装看不见,也没站出来帮着自己和母亲说话。再加上母

亲一直对丈夫的懒惰充满抱怨,于是小丽也觉得自己的丈夫确实被公婆宠溺坏了,没有担当,不能融入家庭生活中,只能自己躲一边混沌度日。

其实梳理下来,我们不难看到,在两代家庭里一直有一个同盟,那就是来访者和母亲的组合。甚至小丽在叙述的时候也说到,"自己和母亲是在同一个战线"。

——战线?哦,原来生活一直是在战斗,而且自己和妈妈是一伙儿的。那敌人是谁?

以前是父亲,现在是公婆、保姆,还有丈夫。小时候,母女俩相互取暖,一起声讨那个背叛家庭的父亲。这种"并肩战斗"的岁月,让母女俩连接得异常紧密。如今,阵地换了,但"战友"仍在,如果有一方受到伤害,同盟立刻会吹响集合号,向对手发起攻击。当年对父亲的愤怒和不满,化成炮弹,落在了"莫须有"的敌人那边。对方的反击,也是难免的。

寻找"背叛"的力量

可以想象,在"阵地"的另一面,丈夫那难言的感受。和自己最亲近的人,应该是妻子。但此时,妻子和她的母亲是一起的。自己反而成了一个外人,甚至是敌人。在一个"勤劳"的岳母眼中,自己是一个懒惰的人,而妻子和岳母保持着同样的口径。他觉得自己无法融入这个家庭,甚至也开始怀疑自己是否真的那么糟糕。久而久之,便放弃了争辩,自己躲到一边,几乎忘记了这是自己的家。

但小丽毕竟有对自己家庭的需求,也会努力地去改善和丈夫的关系。只不过,出于对"队友"的忠诚,她不能完全站在丈夫那一边,如果离丈夫太近而离母亲太远,就等于背叛了自幼依赖的同盟,会心怀愧疚和自责。况且，自己一旦有靠近丈夫的倾向时，母亲会有危机感，会本能地阻止女儿和女婿的靠近，方法是表达对女婿的不满。是啊，自己在这个世界上，就这么一个相互依靠的人，如果女儿都离开自己，以后怎么能活得下去呢？

一边是丈夫，一边是母亲，原来"妻子"也会成为双面胶的角色。在理性层面，她不愿意像妈妈那样看待世界，但内心深处又觉得如果不像妈妈那样，又像是背叛了什么。但成长的力量，终究是无法阻挡的，她看了那么多心理书，听了那么多讲座，以及最后来到咨询师面前，无不是在寻找"背叛"的力量，来瓦解一个不该存在的同盟。

成长，就是摆脱"过去"对自己的"限定"

其实，将上一代的痛苦延续，不是我们父母的希望，而是他们不自觉犯下的错。切断过去的因果循环，不是背叛，而是我们追求幸福的规定动作。

那些和母亲结盟的妻子们，和你最近的人，应该是老公。放下和他的敌对姿态吧。母亲那边，可能会有一些不适应，但这是走向幸福的必经之路。当然，我们也要原谅母亲，原谅自己。母亲犯的错，是因为世界曾经对她犯过错。所以，要学会和母亲和解，理解母亲所做的一切。

从此以后，让母亲的情感重新回到父亲那里。让所有的爱，都以正确的方式，投注到正确的人那里。

从此以后，要警惕所有惯性的、没经过大脑的行为，要阻断对过去行为的重复，哪怕每次改变一点点。

从此以后，要用行动告诉老公，这是他的家，他可以在这里呈现一个自然真实的自己。真实的人，才会有积极的心态。

不怕伤财,只怕伤心——要不要在经济上帮男人?

男女之间,单是感情的事情,就已经够复杂的了。但往往有时,还会涉及金钱。事情就更加揪扯不清了。

最近有位女性来访者 Annie,向我说了她的纠结之处。她这两年在和一个男人相处。两人都是离婚多年,各自带着即将成年的孩子。自己开着个公司,规模不大,但经济条件还不错。而对方则条件一般。

两个人都有些岁数了,所以,对待婚姻都挺慎重。所以,尽管两个人相处还算不错,但踯躅几年,依然没有踏进婚姻的门槛。Annie 说:"跟他在一起,倒是很有话说,很开心。以前他挺风流的,并不是个靠谱的人,但现在因为我,倒也专一、踏实起来了。"

就在目前的距离上,两个人相处还算和谐,虽然有时偶尔吵个架,但最终都能和好如初。本来这样下去也不错。可是,最近男人在经济上遇到了困难,前妻要他承担他们孩子买房的首付。出于父亲的责任,他内心是希望能为孩子做些事情的,但是自己的经济能力却达不到,为此情绪低落。

现在 Annie 面临的问题是:在经济上,帮他,还是不帮?

谈情到一定时候,钱的问题总会冒出来

对于 Annie 而言,在这个年龄遇到一个可以有共同爱好,能开心地在一起的人,其实是一件非常难得的事情。这个男人愿意在她面前

暴露以前不够好的自己；本性风流现在却能保持专一，这一切都说明他是非常珍惜这段感情的。

在涉及经济问题之前，可以说他们的感情在某一个距离之下，处于一个感觉不错的状态。但问题在于，这个距离并不能长期保持，而是动态的。目前的事情，看似是两个人遇到了一个偶然的事件，影响了感情的走向。其实，这也是一个必然。因为两个人之间的距离总会面临现实的刺激，而且必须改变。要么更近，要么退回远处。

比如眼前，遇上对方需要钱这种事，如果帮则是情分，距离就可能迅速拉近了；如果不帮，表面上也无可指责，就算是结了婚这钱不出也是说得过去的，何况现在没结婚。但话虽如此，但在两人本来不错的感情状态下，男人的内心肯定还是有些小失落的。

经济上不敢付出，其实是怕被辜负

但是人生经验告诉我们，Annie 和对方越亲密，就越容易受到伤害，比如背叛、欺骗等等。她不是拿不出这笔钱，而是担心出钱之后，发现自己其实是被骗了，让自己本来已经包裹得很严实的心，受到伤害。所以，Annie 犹豫这件事情，既不想凉了这段感情，又怕受伤。

Annie 的心里无非有两个未知：一个是这个男人到底值不值得自己拿出几十万帮他，万一最终被辜负了怎么面对？

其实，对于 Annie 来说，如果这次她错过这样的一个男人，也许以后很长的时间里，再遇不到一个相处起来很舒服的男人。而且就算遇到，依然会因为怕受伤而不敢付出太多，会再次遇到同样的问题。所以，在人生的这个阶段，要不要试着付出一下，是不是赌一把？要么从此紧闭心门，不付出也不受伤；要么豁出去一次，不管对方是不是将来负了自己，自己就率性一次，无论结果如何都不后悔。那样，自己也算对得起自己了，给过自己接近幸福的机会了。

经济上帮男人，也是个技术活

Annie 的另外一个未知是这个帮助会不会事与愿违，伤害了现在的感情？这种担忧也不是没有道理，斗米养恩，担米成仇，这样的事情并不少见。鉴于这种担心，她可以有技巧地处理这件事情。借钱给他，却不能让他有心理负担，一旦他有了心理负担，就会在自己面前有压力，而人其实都不喜欢压力，这会导致他不想在 Annie 带来的压力中生活。所以，关键就是让他压力尽量少地接受这份帮助。比如，Annie 可以说，我是借给你。你要是觉得不愿意因此欠个大人情，就打个借条。或者说，自己是因为喜欢他的孩子。总之，不要让他觉得，你是在施恩，通过钱来让他在感情里低了你一等，从此需要向你低头。甚至，Annie 可以直接告诉他："我拿钱帮你，不完全是为了你，我是为自己的幸福赌一把。无论胜负，与你无关，自己都不会后悔。"这样，他也就会更明白自己的心思。

总之，遇到这份缘分不易。如果现在不尝试用信任去换取真心，可能以后就再没有这样的机会了。多遵从内心，少一些顾忌。趁自己沧桑的心仍未完全冷却，爱的火苗没完全熄灭，何妨率性一次。

一句"没爱了",真能抹去过往的风花雪月?

无论男人出轨,还是女人出轨,都经常会拿出一个理由:和原配已经"没爱了"。因为没有了爱情,婚姻已经成为一个空壳;因为没有了爱情,所以两个人绑在一起也是受罪;因为没有了爱情,两个人没必要再互相容忍对方的缺点……而自己和另外一个人,却有了爱情,此时若不出轨,则不足以证明自己对真爱的信仰与追求。

追求爱,有错吗?——这种反问,的确让人不敢贸然去回应,好像怎么回应都是一个坑。但是,似乎哪里又好像不对。

谁在为新欢,抹去也曾炽热的旧爱

曾遇见一位女性来访者,她在中学时是校花级的人物,追求者众多。其中有一位男生,论别的条件并不算出众,但有两样特别好,一个是有小情趣,能想出很多浪漫的点子;二是有坚韧不拔的毅力。总之,他终于在众多竞争对手里胜出,抱得美人归。恋爱之后,两个人花前月下,卿卿我我,羡煞旁人。这种感情,甚至扛住了大学时代的两地分离,最终两个人回到所在的城市,成家立业,修成正果。

但谁能想到,婚后两年生完孩子,两个人的婚姻却出现了裂缝。到第五个年头,婚姻终于走到了终点,因为丈夫在外边有了别人。被发现时,他说和家里的妻子已经没爱了——自从妻子怀孕之后,就再没亲近过,已经很久没有爱情了。

这段感情,以风花雪月的浪漫为起始,但在终点,男人和自己妻子计较的,是离婚的经济问题、孩子的抚养问题……唯独没有提——那曾经有过的爱。

新欢胜旧爱,也许只是在当下

为了真爱,丢掉已经"腐朽"的婚姻,这似乎反而能证明对待爱情的认真。但这种"认真"的价值,到底有多大?难道这个男人和校花在12年前,一点都没爱过?那些风花雪月,都没有发生过?那个时候,就不是"认真"的?

当然不是。没有数据能够证明,男人12年前对校花的爱,比今天对第三者的爱少到哪里去。至少他认真地追过很久,又坚持了很久,经过了12年的检验。而眼下这段感情,能否坚持12年,则完全无法证明。唯一的解释,就是那一段感情,已经跌落至"波谷",而这一段感情,刚赶上"波峰"。

只是在此刻,新欢战胜了旧爱。但,时间是无情的,新的,也会变成旧的。波峰之后,必然有波谷。到那时,会不会又出现另外一段"真爱"。

其实,人们对于出轨者,最不接纳的一点,就是为了和新人在一起,抹杀所有和旧人的恩爱。似乎,和旧人只有过互相的折磨、各种的不满和抱怨。出轨者一直在回避一个问题:如果当初是自由恋爱的,和旧人也是爱过的。但是,自己如何从爱一个人到所谓的没爱情了,这究竟是怎样的一个过程?你如何保证,在新的一段感情里,不发生同样的事情?为什么不试着去找出婚姻中的问题,而是以此为借口另寻新欢?

如果这个事情,你自己没有弄清楚,何来底气对新人信誓旦旦?

你现在不愿意对自己爱过的旧人负责,新人内心又怎会相信以后你会对她负责?除非她只也是只图眼下,不想将来。

直面爱情的残酷真相

我们一直都在为爱情掩盖一个残酷的真相。爱情的成分,至今无人可以给出科学的解释。但爱情的确在刚开始的时候,更多的是激情的色彩,而更长的岁月里,却接近亲情的模样,相互依赖,却不再有太多波澜。所以,那么多人都感叹,爱情变淡了、变没了。

有些人只想要激情爱,想一直拥有激情爱。激情爱在的时候,走在马路上,幸福都铺满整条街;吃个麻辣烫,都是浪漫的味道;滚个床单,那更是灵与肉的交合……这都让人深深的贪恋。但偏偏,激情爱是短暂的。其实,出轨的人何尝不知道,即使换一个人,在激情之后,依然要面对柴米油盐原有的颜色,生活要从梦幻归于现实,也许以后依然经营不好婚姻。但是,还是有那么多人,因为贪图眼前的激情爱,毁掉自己原有的婚姻,留下一个残缺的家庭,甚至还有一个受伤的孩子。所以,这种所谓对真爱的追求,丝毫不值得人们去为之颂歌。

我们需要认真思考的是,当激情爱在婚姻中越来越少,我们如何去面对这个现实;我们如何以负责的态度去调整婚姻,以满足自己对激情爱的需求。人们常说,婚姻需要经营。其实当年的激情与浪漫,都是经营出来的。我们不是不懂如何经营,而是欠缺了去经营的耐心。说到底,是心态的问题。而正确地认识婚姻,则是我们心态正确的保证。所以,看清自己,看清婚姻,别去掩耳盗铃,才是我们在婚姻中要做的事。

总有些致命的将就，换来婚姻的无法回头

世间虽有医生，但仍然挡不住很多生命在医院里走向了尽头。同样，世间虽有情感咨询师，但也仍然挡不住很多婚姻走进死角。纵然看到当事人苦苦挣扎，眼睛里写着最后的期待，能给的也只有一句"接纳现实"。而在此之前，已经悄悄咽下去无数的叹息——"早知如此，何必当初"。

所以，每次当有一些还处于恋爱阶段的，或者刚步入婚姻还没生孩子的咨客，带着烦恼来咨询的时候，心里竟然有轻松的感觉。哪怕当事人十分纠结，但旁观者知道——还好，还好，一切还来得及。于是，一边满怀同情地感受着咨客的悲伤，一边忍住不去越俎代庖，在心里默念，"分吧，趁早；分吧，要快"。

真的，婚恋中很多事情是将就不得的。多少无法回头的婚姻，都是因为一次次致命的将就。

遭遇家暴，不能将就

曾经有一位绝望的妻子，说他的丈夫脾气坏。他自己工作不顺，经常喝酒，喝完酒就打她，有时还当着孩子的面儿。然后，清醒过来就道歉，保证以后不再打了。但是，下一次喝酒之后，依然如故。现在，这位妻子想和丈夫离婚。但是遭到了丈夫的恐吓："你要是敢离婚，离婚之后就别想有好日子过，反正我也不打算活了。"

问这位妻子第一次被打是什么时候,回答说是恋爱的时候。那为什么被打之后,还不赶紧分手呢?得到的答案竟然是:当时已经发生了性关系。"和他上过床,我就是他的人了。哪还会有其他人要我。"于是,这位妻子就将就了。"他平时就是脾气大一些,只有喝了酒才会打人。而且答应会改。"

在这里,我们不去分析这些家暴男曾经经历了什么。当你和他还没走入婚姻的时候,一切就应该有了迹象。一个人是否冲动易怒,是个性方面决定的,一个人如何处理愤怒也已经形成了自动的行为模式,这些都是很难改变的东西。即便不懂这些,也应该知道,会打第一次,就应该非常小心会不会有第二次。当第二次的时候,就应该已经确信,这是会重复发生的事情,应该迅速终止这段关系。

然而,仅仅是一个"都已经发生关系了,就是他的人了"这样一个悲哀的信念,促成了一次次的将就。

妈宝男配自私婆婆,不能将就

一位女咨客不小心嫁了一位"孝顺"老公。还是恋爱的时候,第一次去老公家时遭到了冷遇和挑剔。老公完全没有为自己说句话,反而觉得妻子太任性,不顾全大局,情商低。好在两人在城里生活的时候,还能安生。生孩子之后,公婆来带孩子,还在月子里就爆发了各种冲突。婆婆过时的育儿方法让妻子忍无可忍,吵了几架之后,关系降到了冰点。孩子6个月的时候,婆婆非要把孩子带回老家养。作为孩子的妈妈,女咨客当然不同意,然而自己因为要上班,又带不了,只得求助丈夫。但丈夫却选择了顺从父母。眼睁睁地看着自己的孩子,被婆婆从身边带走,却没有更好的办法。毕竟,孩子如此小,离婚谈何容易。于是这位妈妈的情绪低落,几乎抑郁崩溃。

一个到结婚时，心智还不够成熟、不够独立的男人，就别指望结婚之后会突然长大成人。如果再配上一个对儿媳天然充满敌对意识的婆婆，你就会发现，自己在婚姻里只能孤军奋战。你的丈夫，和你睡在一张床上，却和你不是一国。

一开始的时候，在公婆面前不会保护妻子的丈夫，到后来你也别希望他能够和你站在一起。如果你以为你能让一个巨婴长大，就高估自己的能力了。如果还将就了他和他背后的那个家，之后的苦涩只能一个人尝。

赌徒心理，不能将就

当辛苦赚来的家当，被一个赌徒老公一次次地扔进赌场，那会让人多绝望？有一位女咨客带着丈夫闯荡异乡，打拼多年，积攒了七八年的心血，准备用来自己开店。结果突然得知老公欠了不少赌债，只能拿这笔钱还账。本以为老公能够悔改，却仍然难戒赌瘾，还声称自己以后只玩小的，纯粹是打发时间。积怨甚深的妻子，自然经常说起旧事，谴责丈夫。丈夫便声称，既然自己的改过得不到宽恕，还不如继续去赌，还说是妻子逼她出去赌的。于是，赌债慢慢又多了起来。

其实，赌徒心理不光体现在赌博上。很多男人不愿意踏实做事，而是寄希望于一些投机的赚钱方式。比如，炒股、彩票等等。他们会把这些行为的赚钱当成自己一定会实现的梦想，从而把大把的精力和资金投进去，等着运气降临。这种投机主义近乎天生，希望他们靠自律去改变基本上是不可能的，除非你想够把他们像关进笼子里一样，把他看严，否则经济黑洞随时会出现在家庭里，从而导致整个家庭失去希望。

所以，当你发现一个男人身上的投机主义时，不要心存侥幸，离他能有多远，就躲多远。

出轨惯犯，不能将就

当一个男人第一次出轨之后，如果得到了妻子的宽恕，也许会回归家庭，从此安分守己。但如果，接连出现第二次、第三次，而作为妻子却没有离婚的能力，那么破罐子破摔的概率就很大了，因为这种出轨是会上瘾的。而你对这种屡教不改的行为除了一哭二闹，又别无良方，那么，出轨—悔过—再犯—悔过—再犯的无限循环就会出现了。每次都说改，每次都再犯。你的信任还能重建几次？

其实，在第一次出轨之后，就应该为第二次的出轨做预案了。一旦再犯，信任就被摧毁得差不多了。这种情况下，继续将就，只会换来继续出轨。

婚姻中的"不能将就"还有很多。一段亲密关系初建之后，总会有病症出现。有些如感冒发烧，磕磕碰碰，修养几天就好了。就算一生之中，每年得个一两次，也不至于要命。但还有一些，如同绝症，早已深藏体内，无法根除。如果这种病痛不算严重，比如口中爱生个溃疡之类的，在承受范围之内，倒也无妨，带点小病也能善终。但如果，其症状激烈，总让你肝肠寸断，不是你所能承受，在第一次发现之后，就应该放弃侥幸心理，万勿将就。否则，多走一步，就愈难转身，直到无法回头。

后离婚时代：明天我们各奔东西，今夜你是否回头？

留鸟伯劳与候鸟燕子，在天空偶然相遇。动人一瞥后，结下了一段刻骨的缘分。然而季节变换，终要各自分飞。怀揣着五味杂陈，东飞的伯劳和西飞的燕，划出两条悲伤的曲线。于是，后来有成语——"劳燕分飞"。

今天，要讲的是三个离婚的故事。三对分飞的鸟，在飞向远方之前，它们回头的最后一望。

1."儿子"的"独立战争"

A 女士 45 岁，十多年前和丈夫开了一家培训学校，自己负责运营，丈夫负责教学。后来慢慢地她就成了学校的老大，因为她本身就是一个能力很强的人。近十几年的婚姻生活中，丈夫发现，自己本身能力也还可以，但是无论如何都无法超过妻子。经营中有时会遇到一些分歧，有时两个人会相互争吵，相互攻击做事做人的方式，也因此很伤感情，甚至吵到要离婚。后来为了维护家庭的和谐，妻子就开始让着丈夫，把学校交给丈夫，自己去另外一个城市专心照顾面临高考的女儿。但两个人的感情并未因此好转，而是逐渐无法沟通，两颗心的距离渐行渐远。最终，丈夫提出了离婚。

对于丈夫而言，他在这些年里感受到妻子之强，强到了不管怎么让着他，他都无法找到值得骄傲的地方。其他男人感受到的被需要、被依赖、被仰视,他基本上都没体验过。因为在妻子眼里,他更像一个儿子,她能清楚地看到他成熟与不成熟的地方,用对待孩子的方式,去呵护他、让着他。这给他的感觉是无论怎样折腾,他都无法扰动妻子的内心。

A女士答应了丈夫的离婚诉求,她把公司留给老公,自己去投资其他的项目。但心里很不甘,毕竟这么多年的感情,她很迟疑要不要再挽回一下。

交流中,A女士认识到,自己为了这个家,其实也已经牺牲了很多。客观来讲,如果她可以自由地发挥自己的能力,她可能会有更成功的事业,有另外不一样的生活。但事实是,这些年她和丈夫彼此忍受,很多时候违背着自己的意愿,将就着生活,并非十分顺心。而对于丈夫而言,离婚这件事,其实是他的最后一次努力,他想让妻子在离开他的时候,感受到他的重要性,感受到他的价值。

如果回头,两个人的婚姻是有可能继续的,他们仍然可以有一个完整的家庭。但是,两个人根本的问题无法解决,生活仍会在迁就中继续。如果分开,妻子或许可以飞得更高更远,而丈夫也许可以成为一个独立的男人。但他们也将失去彼此的人生参照,那个时候,高飞的人是否有地方落脚?独立的人成长宣言向谁宣读?

2. 想再抱你一下,却怕人笑话

B女士的丈夫独立性比较差,母亲强势,原来是个妈宝男,什么都听妈妈的。后来妈妈去世了。他有个干姐姐,小时候曾经被他的母亲抚养过,感情很深。这个干姐姐对自己的这个弟弟爱护有加,在母亲去世后,接替了对这个弟弟的监护权。

每当B女士和丈夫有一些小摩擦,妈宝男丈夫便去和干姐姐诉说妻子的一些不是。护弟心切的姐姐,从来都不问事实细节,完全站在弟弟一方,对 B 女士各种拐弯抹角地"教育"。

后来 B 女士又一次发现了丈夫一些可疑的开房记录,开始了和丈夫的一场战争。由于丈夫的不配合,B 女士不冷静地提出,要么解决问题,要么离婚。丈夫也不示弱,草拟协议,但并无真章,并且搬出家门,冷暴力相对。看不得事情一拖再拖,B 女士解决问题心切,一再强调,要么好好沟通,要么离婚,并且打印了协议。这勾起了干姐姐的愤怒,觉得 B 女士不依不饶,动辄就离婚,犯了忌讳。于是力挺弟弟,绝不示弱,要求 B 女士认错。而 B 女士一直认为自己只是以离婚为手段,逼迫丈夫和自己沟通解决问题,现在看到丈夫一直被姐姐挟持着和自己对立,怎么肯让步。于是,某一次激动的争吵之后,两个人终于走进了民政局。

走出民政局的时候,两个人都心有不舍。第二天,B 女士微信问丈夫:"分手的时候,为什么你都不肯抱我一下?"丈夫说:"不是不想,是怕被人笑话。"

B 女士知道,丈夫并不想离婚,只是他一直向干姐姐说自己的不好,姐姐又护犊心切,所以强势地介入。最终,没有主见的丈夫不得不听从姐姐的意见,采取了绝不低头的策略,走向了一个自己并不希望的方向。

离婚后的两人,彼此隐隐地表露了自己并非真的想分开的心意。但是,阴差阳错的裹挟背后,他们有些问题并没有解决,复合的念想,又如何开口。

3. 有些离,是为了更好地聚

有一位男性朋友 C,和妻子育有两个可爱的孩子。他们一个是通信行业的高管,一个是高新技术产业的精英,都是高收入阶层,衣食无忧。但这位C先生,天性喜欢新鲜刺激,所以有过出轨经历。回归之后,仍然有一些蛛丝马迹,常被妻子抓到。于是,信任崩塌,妻子开始了对丈夫的各种怀疑和监控。一段时间之后,C先生终于无法承受自己出轨的自罪感和被怀疑的痛苦,提出了离婚。

他自愿净身出户,而且以后还愿意承担孩子的抚养费以及家庭的各种责任。不管是前妻,还是孩子,只要需要,他都会在。甚至他像平时一样,买菜做饭。他对妻子说:"我不会再和别人走进婚姻,因为我一直就觉得,婚姻是一种束缚。我就想要个自由,想要个轻松。"

他说出自己的想法之后,两个人前所未有地坦诚地交流了自己的想法。妻子甚至想在婚内给丈夫自由,以留住婚姻。她怕没有婚姻的那张纸,丈夫说不定哪天就真走远了。然而丈夫还是选择尊重自己的内心。最终,妻子也接受了这一现实,开始迎接一段除了没有一张纸却什么都不缺的新型的亲密关系模式。

他说,承诺这东西,在开始的时候是出于内心,但是,人的内心和感觉是会变的东西。而承诺,却不尊重事实,仍然要维持以前的决定——那是对关系中弱者的保护,为某一方提供了控制手段。如今,生活里如果不再有弱者,那不如放下过去的承诺。当两个人的亲密在,大家就好好生活;当亲密不在,大家就尊重事实,尊重内心,各自迎接新生活。

最后的时候,他说:"其实,我和她离婚,不是为了断绝关系,而是想用这种方式——改善关系。"

你习惯的东西,在悄悄改变

关于这三个故事,不会给大家一个关于是非对错的最终结局。因为，结局不能说明什么，而关于婚姻的思考，却是更有意义，也更值得去做的事情。

婚姻这东西，曾经给了我们太多的温暖、保护、支持、安全感、稳定感和自我价值感，也带来太多的束缚、限制、猜疑、压抑、失望、委屈、伤害和痛苦。我们一直依赖它的存在，习惯它的存在，包括它带来的好的和坏的东西。但时代在变，婚姻对于我们的意义，也在变！

很多人发现，在某段婚姻里，为了得到那些好的东西，自己付出了太多的代价，所以想做出一些改变。但也有一些人，无视世界的变化，更多地相信惯性，固执地想用道德或者信念留住婚姻，保护自己的所得。或许，这种方法眼下还有效，但是，其作用却越来越小。当有一天，你发现对方谋求改变的背影是那么决绝，才会发现自己什么都留不住。

一个让人唏嘘的事实是，当人们有钱了，或者想明白了，会越来越愿意尊重自己的内心。他们更多尊重自己的感觉，不再被惯性绑架，不再顾及别人的看法。

这到底是好事，还是坏事？

我们说了不算，时间会证明一切。

一本正经：中国式离婚仪式该如何操办

中国人的结婚仪式，向来是大操大办，不仅要邀请亲朋好友，还要大张旗鼓、披红挂彩，沿街巡游似的接送，阵势每每都要轰动全城似的。典礼上，更是要新郎新娘彼此宣誓，以表忠心。但是，牛总有吹大的时候，很多人没有白头偕老，没有从一而终。离婚这件事，已经越来越常见了。

从逻辑上，离婚这件事也应该操办一下。你看，人出生的时候，是要庆祝的，亲朋全来祝贺；而去世的时候，也会操办一下，亲朋好友都来送别，可谓有始有终。婚姻这件事也应该如此啊，从单身走进婚姻是件大事，那从婚姻里走出来，同样也是。可是实际上，我们的离婚都是悄悄地趁着大家不注意的时候，去民政局把证换了，然后再以各种支支吾吾的方式，让亲朋好友慢慢知晓。

当然，也许大家是怕朋友有一些想法："当年给你的红包，是让你结婚过日子的。现在离婚了，那红包是退呢，退呢，还是退呢？"——当然，这是玩笑话，说认真的——

中国人需要一场正经的离婚仪式

我们经常说，失败是成功之母，但是却从来不愿意在公开场合去谈论失败。所以，我们的离婚往往也是如禁忌一样，不愿意谈，也不愿意让别人问。其实，婚姻这事情，本身就充满了艰辛，如果当时选择的时候,考虑不全面而做了错误的决定,为什么就不能大大方方地承认呢?况且,离婚,真的是一件对于成长非常有利的事情呀。

1. 仪式上的梳理会让我们更好地认识自己

没有人天生完美,我们会在相处中看到自己的优缺点。在婚姻这种亲密关系中,尤其可以。在情感咨询中,咨询师往往能在一段破裂的婚姻中,梳理出两个人的性格特点、依恋类型、沟通特点、三观,以及当事人各种好的和坏的信念、认知。如果一个当事人真的能够认真地对待这些梳理的结果,无疑是二次成长的绝佳机会。

但并不是所有离婚的人,都做过咨询。所以,就缺少了这种认识自己的机会。那么,在离婚仪式上,就可以做一个这样的梳理(我真的不是在给情感咨询师开辟新的业务),这样,两个人在以后的人生里至少会变得更成熟,人格更完善,这才是真正用行动诠释"失败是成功之母"。

2. 仪式上的告别行为可以让我们处理情绪,放下过去

我们都知道,中国的很多传统仪式都是有深刻的心理学意义,比如说丧事。在传统的丧事流程中,有很多环节,都是让亲属放声痛哭,其实这是为了帮助亲近的人充分释放悲痛的情绪。而亲朋的到场和安慰,也是对当事人重要的情感支持。那么,人们在离婚的时候,同样可以通过设置一些仪式性的行为,去释放自己的情绪,正式地和过去告别,走向新的开始。

3. 通过仪式向社会宣布新的生活状态,更新社会角色

以往很多人在离婚后,很多外围的社会关系并不知道离婚的真正

原因。对于当事人的态度,往往是存疑的:这人是出轨了,还是被出轨了?是他自身的问题,还是对方的问题,或者仅仅是两人不合适?但这些也不好去问。所以,即便有合适的人选,也不敢轻易牵线搭桥。所以,通过一个仪式,可以告知外界离婚的原因是什么(如果能说的话)。重点是宣布两个人恢复单身了,带没带孩子,家产大概的分割情况如何……别人可以有打听的机会,也大概可以知道,这个人重新进入婚姻的流通"市场"时大概的匹配状况如何。同时,一些关系好的亲朋好友,也会根据当事人的情况,给予一些其他方面的支持,无论是情感方面、劳动方面,还是资源方面。有了这样的仪式,相当于一个统一回复,之后就不用再担心怎么去见人,如何解释离婚之类的问题了。

一场严肃又活泼的离婚仪式应该怎么办?

这么重要的离婚仪式,是有一个非常详细的策划书的,流程之复杂,不亚于结婚仪式。但篇幅所限,只讲几个重点:

1. 夫妻感悟:放手是我对你最后的爱

这个环节其实就是离婚告白。双方可以诉说在过去的这段婚姻里,经历了什么,哪些是美好而难忘的,哪些是伤心的;哪些是让自己决定终止婚姻的因素;自己在最后的时刻,想对对方说些什么?

虽然不直接倡导像淘宝购物后的互评(关系紧张的互评,容易让双方打起来),但一般而言,会谈及对方给自己留下的感受。这足以让对方警醒和反思,这是促进成长的重要因素。

在这个环节,应该准备足够的纸巾,也要有随时终止典礼的心理准备。很多人禁不住对往事的回忆,禁不住对方的告别,复合的可能性也不是没有。

2. 向亲朋做个交代：尊重双方的选择

关于离婚的原因，总是要有一个交代的。但如果真实原因不便于说出口，也可以用不痛不痒的原因代替，比如"性格不合"。对于辜负了大家的祝福，表达一个歉意。同时，希望亲朋好友尊重自己的选择，也尊重对方，不要对自己曾经的另一半有多余的误解和看法，更不要去造成生活上的干扰。如果大家能够足够理解，希望大家继续支持双方以后的人生选择。

3. 对孩子说：爸妈都一如既往地爱你

对于已经有了孩子的婚姻，处理孩子的情绪是非常重要的。无数事实证明，离婚对孩子的心理是有一定负面影响的，但是，无数事实证明：只要夫妻和平分手，互相尊重，那么离婚对于孩子的负面影响，是可以大大减少的。所以，一定要告诉孩子：爸爸妈妈的分开，是他们自己的原因，这不是你的错；爸爸妈妈都依然是你的爸爸妈妈，都会一如既往地爱你。

PS：各种靠谱和不靠谱的贴士
（是否照做不要紧，打人总是不对的）

（1）仪式不安排正餐（有钱留着再婚的时候用），也不要红包（没脸再要了）。这样大家的负担会小一些。

（2）仪式上不提供酒类饮料，以免双方亲属酒后发生冲突，引起群殴。

（3）仪式提供茶饮。可以理解为"察"，从"自我觉察"开始新的生活。同时，根据提供的茶的类型，暗示离婚的原因，比如：红茶代表双方自愿和谐离婚，黑茶代表夫妻双方以及家庭成员之间可能存在"互黑"的矛盾，绿茶代表婚姻中有一方被"绿"了。

（4）相对于结婚仪式的红色主色调，离婚仪式建议用黄色的主色调，意为"这两口子黄了"，有"即便离婚，也有收获"的意思。

（5）现场设置分梨环节，代表"分离"。注意梨一定要提前切好，现场不要出现任何刀具。

写在最后

离婚，是一段婚姻的终点，但也是另一段生活的起点。所以，我们既要看到失去的，也要看到即将得到的；我们既要感受到一些沉重，也要去体会一些轻松。

上面的文字里，既有真诚的建议，也穿插着戏谑的调侃，并非对那些身处婚姻终点的人们不尊重，而是希望大家能够尝试用多种心态去面对离婚——这件我们曾经赋予太过沉重色彩的事情。

与其被动地接受一个选择，不如主动去拥抱它。不管如何，它都给我们的人生带来了新的可能。

必修课

——

关于女性成长的那些事儿

没钱、没色、有孩子,你凭什么闹离婚

这是一个动辄就说离婚的年代。

在闺蜜面前,或者咨询室里,我们常见这样的画面:

老公出轨了,撩骚了——我要离婚!

老公脾气大,动手打人——我要离婚!

老公和他妈一伙儿,欺负自己——我要离婚!

老公没正事干,赚不来钱,日子过得苦——我要离婚!

老公晚回家,不理人,冷暴力——我要离婚!

老公不和我做爱——我要离婚……

说者一把鼻涕一把泪,煞有其事;听者或义愤填膺或谆谆劝阻。

而在这些要离婚家庭里,又是怎样一副场景呢?

"我要离婚!""别闹,好好过日子。"

"我要离婚!""我错了,我都说了要改了。"

"我要离婚!""除了离婚你还会说啥?"

"这日子过下去还有意思吗?""那咋办?"

"我要离婚!""好吧。"

"……"

当男人们轻轻地吐出"好吧"那两个字的时候,很多女人才顿时发现,自己根本没有离婚的资本,只有崩溃的无助。很多女人以为,离婚是对丈夫的惩罚,但实际上却是一场——

"杀敌八百自损一千"的自杀式袭击

我们相信,每一个说要离婚的女人,都受到了很大的委屈。我们也相信,在这个时代,女人还没有真正和男人平起平坐。所以每次听着女性来访者的倾诉,我都像看到一个孩子,被大孩子欺负了却没有还手之力,只能到处找人评理。

为什么说,这个世界对女人还不够公平?

首先,婚后的经营方向不同。男人更多经营的是自己,女人更多经营的是家庭。

很多夫妻在结婚之后,男人负责赚钱养家,在外经营事业,也经营着自己。在社会上的打拼,不断地塑造着他们,逼迫着他们不断地掌握生存的技能,以及与人交往的人格魅力。所以,哪怕把他们已有的东西都拿走,他们只要志气不倒,就仍然可以凭借积攒的无形资产东山再起。而女人呢,结婚之后开始经营家庭,很多人就放弃了经营自己。所以,我们后来就经常听到一句"为了这个家,我如何如何"。当然,有的女人还会在职场打拼,保持着社会地位和经济能力,但是多数女性的生活重心,相对于男人而言更偏重于家庭。所以,在个人价值方面,男人一直在增值,而女人是在把青春一点点地伴着柴米油盐,洒进厨房里、婴儿房里、洗衣房里。

也有女人意识到了这一点,对闺蜜说"要懂得经营自己"。于是一起去健身、去美容、去 spa、去买新衣服。但所有这些,哪里敌得过岁月那把刀,哪里跑得过审美的疲劳。也有些女性找到了更好的方向,读书、学习,提升自己。但回到家,却发现学到的沟通之术,却像是在对牛弹琴。你想凭三寸不烂之舌,让在外掌兵的男人缴械投降,恰恰应了那句"秀才遇见兵"。

其次,对家庭投入更多的女人对家庭的依赖更重。

家是什么?家是两个人结合后所有物质和情感经过发展之后的产物,这其中也包括孩子。忠诚理论投入模型告诉我们,在婚姻里高投入会增加忠诚。也就是说,对于这个家,对于孩子,对于家里的点点滴滴,谁投入的精力越多,谁就越依赖、越离不开这个家庭。而在外打拼的丈夫,对于家庭虽然也有经济的巨大投入,但在情感上的投入和经营,却不如女人。所以,家庭的破碎,对于男人来说可能像截肢,让生命变得残缺;但对于女人来讲,却像诛心,把你的精神世界的支柱都拿走了,所以天会塌。

所以,对女人来讲,用离婚的方式来惩罚丈夫,或者来结束自己当下的痛苦——都是以另外一种巨大的痛苦为代价的。对很多女人来讲,这种剥离,把女人的青春带走了,把女人的精神世界带走了,把女人的未来也带走了。

那么,是哪些现实因素让女人对婚姻如此依赖,或者具体地来说——

女人为什么离不起婚

首先,很多女人担心自己没钱,或者缺少经济能力。有些婚姻在破裂之前,还勉强像个样子,但一旦被两个人分成两份,往往就连生存都成为问题。有些婚姻破裂的时候,也许会多分给女方一些财产,但是如果女方自己赚钱和理财能力不好,以后依然面临着经济困难。所以,经济问题在很大程度上,影响着离婚的决心。很多来访者来向咨询师征求自己该不该离婚的时候,表示离不了婚的因素有很多,舍不得孩子,舍不得过去,或者舍不得男人。这时候,如果问一句,"如果有1000万,你觉得可以下定决心吗?"——"当然可以啊!"会是绝大多数人的答案。相对而言,男人虽然经济也会受到离婚的影响,但一般更容易重整旗鼓,因为自己在事业上已经挣下了了很多无形资产。

其次,很多女人担心自己年老色衰,找不到下家。尤其是那些年轻的时候有些姿色的女性,对于自己的容貌会比较看重,也曾经将其视为挑三拣四的资本。但不幸的是,岁月对这个资本最残酷。化化妆,穿上塑形的衣服,或许能临时哄一下别的男人,但自己心里知道,浓妆下的雀斑,胸衣里边已经下垂的乳房,已经不足以再长久地征服另外一个男人了。而男人,则不太担心这些。岁月虽然也给了男人皱纹,但也给了男人阅历和气质,很多女性更喜欢成熟的男人。

再次,一个非常重要的因素就是孩子。女人和孩子的紧密程度要远胜于男人。女人容易没有边界,不仅和老公,也体现在和孩子身上。女人更容易把孩子当作自己后半生的精神寄托。同时,女人更容易对孩子以后的情感世界感同身受,怕孩子受伤,怕孩子恨自己,怕孩子长大后无法修复创伤,怕孩子以后对婚姻的看法受到影响……每一种想象,都能够让女人泪流满面。

最后,对有些女人来讲,无论关系好坏,都比没关系强。女人更不愿意失去一个熟悉的男人,哪怕总是伤害自己。对于女人来讲,男人是一个自己存在的支撑,女人对于自己之前投入在男人身上的感情,会更难放下。对于男人而言,如果过去是个错误,那么就及时地终止这个错误。而对女人而言,会觉得都错了这么久了,都错出感情来了,哪那么容易放下。

我们把婚姻中女性的虚弱之处摆在这里,就是让女性正视处于困境中的自己。当然,更需要培养自己应对这些困境的能力。具备这些能力,不是让你痛快离婚,事实上——

具备离得起婚的能力，是为了不离婚

婚姻中的黑天鹅，总是不期而至。有些婚姻问题，经过调整，我们就能重新修复关系，重新回到正轨。但也会有一些问题，因为现实生活发生了变化，谁都回不到过去。所以，有时勉强维持婚姻，带给两个人的是无尽的痛苦。如果两个人都离得起婚，也许在这个时刻，是最好的选择。而对于不处于优势的女性来说，这种能力尤为重要。

（1）保持自己的经济能力。只知道把钱攥在手里，是不够的，必须具备这丛林社会里的独自生存能力。

（2）女人之美，和男人一样，不限于皮囊。一个女人的气质美照样是可以征服男人的。穿过岁月，保持优雅，对男人也是致命的吸引力。

（3）如果婚姻注定破裂，对孩子伤害最小的，是父母平静、斯文地分手，这会是很棒的父母，比在婚姻里相互厮打好多了。

（4）关系这东西，是可以拿得起、放得下的，只是一时适应的问题。

我们谈论这样的话题，并不是要鼓动女性离婚，而是想让大家在这个还无法做到公平的世界里，为自己谋得更多的生机，在命运的转折点，不那么无助。如果女性具备离得起婚的能力，反而未必用得上。因为这种能力在你掌控婚姻的时候，已经发生了作用，会让你的婚姻避免走到那一步。

如果这个世界还做不到保护弱者和奉献者。那么，就别让自己成为那个角色。

为什么上了那么多婚姻课,仍爬不出不幸的坑

小故事三则

(1)

我认识一位老人——也不太老,60多岁。因为身体不好,之前得过很多病。后来,"久病成医",他逐渐成了半个医生。每到晚上,一起乘凉的街坊四邻的老年人就喜欢和他聊天,听他讲养生,聊中医。我听过他讲的那些东西,多数挺科学,比那些卖保健品的专家靠谱多了。去年,他去世了。那些比他更老、更壮的粉丝们很怀念他,因为再也听不到免费的讲座了,只能去遛弯、跳广场舞去了。

(2)

我还认识一位经常把"婚姻需要用心经营"挂在嘴上的女士,在家相夫教子多年。她早年读了很多年《知音》,后来看了很多家庭伦理剧,如今经常看《金牌调解》和《爱情保卫战》之类的节目,甚至花钱听一些两性情感课。凭借丰富的理论,她指导了很多年轻女性,过上了幸福的婚姻生活。最近,她离婚了,也不再去指导别人了。那些少了知心大姐的女性很怀念她。

(3)

我还认识一个脾气很不好的朋友。因为我最近读了一些关于情

商的书，决定去教育教育他。在我讲完情商的重要性之后，他问了我一个问题："你知道为什么狐狸心眼儿多吗？""为什么？""实力不够，心眼儿凑。同理，情商是给那些实力不够的人准备的。"

我竟无言以对。细想也是，这个臭脾气的人在单位一言九鼎，在家里妻贤子孝，身边也从没缺过朋友。连我也觉得，他的低情商好有魅力。

"婚姻需要用心经营"这话会坑人？

听了三个故事，还不讲一个道理，是一件很残忍的事情。所以，提前把结论扔出来吧——

那位久病成医的老人，缺的不是养生知识，而是一个好的身体底子；那位知心大姐，缺的不是对婚姻的经营，而是对自己的经营。

"婚姻需要用心经营"，这句话本身没错，但它却惹出了很多祸端。为什么会这样呢？因为这话没说囫囵。

比如，谁的婚姻需要用心经营？怎么经营？

同样一句话，对不同的人说，结果不一样。你对一个非洲朋友说，"要加强营养"没什么问题，但你对一个"三高"的人说这话，就会有生命危险。

同样的道理，如果你面前是一个事业型的女强人，只顾打拼忘了家庭，连孩子读几年级都记不得，老公的生日也忘了。这时候，你要深情地对她说一句，"婚姻需要用心经营"，或许就真的点醒了她，也许就真的造福了一个家庭。但是——如果你对着一个已经把90%的心思用在孩子和老公身上的全职主妇说，"婚姻要用心经营"，那估计就要命了！她一定会觉得，现在的婚姻有问题，一定是自己还不够"用心"，自己投入的精力还不够，于是把剩余的10%也掏出来，砸在老公身上。

这对于男人来讲,真的是件恐怖的事情:白天在外边打拼了一整天,回到家想放松一下,却发现有一个人正红着眼睛等着你,要"经营"你。出于下意识的自我保护的心理,会想一下:"哎,我是不是还有个会要开?是不是还有个饭局该去参加?好像真的没有,那我在车里多坐一会儿吧。"

很不幸的是,听到"婚姻需要用心经营"这句话的人,绝大多数都是后面这种女性。

放下自己那一刻,就是悲剧的开始

其实这类女性,在婚前也曾经经营过自己,甚至不乏内外兼修的美女、才女。那时候,经营自己就是人生的事业。但后来,恋爱了,结婚了,她们开始经营"关系",开始把人生寄希望于"关系"——老公说过会永远爱自己,他答应过白头到老的,我只要守好他就可以了;孩子嘛,我只要牺牲自己照亮他的前程,他将来会感恩回报我的。有这两种关系护航,我的后半生,就可以"岁月静好"了。

于是,看守老公和照顾孩子,成了这些女人全心投入的事业。自己最重要的身份,只剩下两个,一个是好妻子,一个是好妈妈。好妻子的意思就是把老公看牢;好妈妈的意思就是照顾好孩子的吃喝拉撒,然后给他规划一条最好的人生道路。

一般来讲,孩子还小,不会出什么岔子。但老公这边,好像有些不对劲了,对自己关注越来越少,回家越来越晚,外边很兴奋回家就变闷……一片乌云从远方飘来,笼上心头,忽远忽近,忽沉忽散。最终某一天,乌云满天,天空突然响起了一声炸雷。

天崩地裂之后,也许婚姻仍然保持着形式上的完整。但是,乌云再未散去。这时,难免开始怀疑人生。正瞎想的时候,远处传来一句:"婚姻需要用心经营"——对哦!也许,是我还不够用心。让我再来看看,怎么再多用一些精力,去经营和老公的关系!

此念一出,天上的最后一丝亮光,也消失了。

与其经营关系,不如经营自己

在社会上的人际交往中,我们都知道,如果你对别人没有价值,你再去经营关系,也是无用。与其经营关系,不如经营自己。但一到婚姻里,这个简单的道理,很多人就无视了。

婚姻中的男女,若想感情不散,一靠吸引力,二靠责任。但如果你忽略了吸引力,只寄希望于对方信守承诺,那对方就如苦行僧,只能靠自己的意志力来维护两人的关系。这样的结果有两个,若是男人守得住,因为心里苦,对你也难有什么好脸色;若是男人守不住,就成了典型的怨妇和出轨男的组合。但如果彼此还存在吸引力,两人就不用整天靠道德进行自我约束了。

所以,你整天研究男人的出轨心理,研究婚姻中的沟通术,研究怎样维护夫妻关系……而不去做什么,就没什么太大用处。唯一的结果可能是,让男人更烦躁,因为你老琢磨他。

那么,如何保持彼此间的吸引力呢?很多女性一看到吸引力就想到去护肤、去隆胸,还想靠这些性唤醒方面的因素去吸引丈夫。这当然比做一个邋遢的中年妇女要强很多。但是,仍然起不了太大作用。根据人类动机的自我延伸模型理论的观点,能扩展我们的兴趣、技能和经验的伴侣关系最能吸引我们。这就是为什么一开始,男女恋人会有很多的新鲜感、会彼此吸引的秘密,也是熟悉之后吸引力就减弱的原因。当一个妻子常年只关注家庭、关注丈夫和孩子的时候,她自身就失去了活力，不能带来新的兴趣，没有新的技能，也不能给家人带来新的体验……这几乎是每一个失败婚姻里的女人的画像。你付出那么多，有什么用？你用心经营了家庭，又如何？当你失去了自己，把人生全都寄托于和他人之间的关系上，不管是丈夫，还是孩子，都会对这个关系怀有巨大的压力。没有人喜欢压力，压久了，就厌烦，就怨恨，就会逃。当他们都逃了，你会发现，你什么都没有。

PS：为"经营婚姻"正名

经营婚姻的真正含义，绝对不是学一些招数，让一个人如何捆住另外一个人——而是让婚姻里的每个人都成为最好的自己，每个人的需求都尽可能得到满足，每个人都尽可能轻松地承担自己的角色并享受自己的角色。

共同的付出，合理的分工，是经营婚姻的基本原则。你之所以选择放弃自己的个人发展与成长，把苦活累活揽到自己身上，打造一个无怨无悔的奉献者的形象，其实是因为你发现经营自己其实挺累人的，不如选择这样一个占据道德高点的角色，去稳固一段并不健康的婚姻关系。这不叫牺牲，这叫偷懒。当你的道德准绳拴不住男人的时候，吃亏的只能是自己。在被遗弃的哀号声中，也许会有人同情你、可怜你，但没人会尊重你，因为彼时的你早已魅力全无、斯文扫地。

没有独立的情感观,听多少道理也枉然

有多少人的婚姻,还没努力就败给了"我听说……"

在一些咨询和答疑中,经常会遇到来访者讲完自己的故事后,用这样的句式开始提问:

——老师,我听说,男人都是有处女情结的。所以,我这辈子都找不到好男人了,对吗?

——老师,我听说,只要有机会,所有的男人都会出轨的。所以,我老公在另外一个城市工作,一定会出轨?对吗?

——老师,我听说,男人的出轨,只有零次和一万次的区别。所以,我老公一定还会再出轨,对吗?

——老师,我听说,即使原配貌美如花,男人也还是会出轨母猪一样的女人,只因为他没上过。所以,我再精心打扮也没用,对吗?

——老师,我听说,当男人不愿意碰你的时候,他一定是不爱你了。所以,我老公一定是不爱我了,对吗?

——老师,我听说,婆婆永远不会变成妈。所以,不管我对婆婆怎么好,她都一定会敌视我,对吗?

……

这个世界,从来不缺各种"道理""定律"和"真相"。当我们在婚

姻情感中遇到问题，自然地会把这些道理和真相作为我们婚姻这道题的"定理"，从而得出一个"结果"。如果你所依据的"定理"不同，那么，"结果"也会不同。所以，有时候，婚姻考验的不是别的，而是你对婚姻的信念。

可悲的是，总有些人，没有多好的辨别能力，却又听到了太多的道理！这些人不懂的是，很多道理都是有用的，但未必是说给你听的——它有适用的场景和对象。何况，还有很多伪专家和写手是用极端的观点和例子去吸引眼球的。他们总是能找到你内心最脆弱的地方，用看似真诚的强调扎人一刀，并且让你接纳一个"真相"。至于后边的事情，他们是不负责的。

所以，这些辨别能力不够好的人，前天听到的道理，让她绝望；昨天听到的道理，让她雀跃；今天听到的道理，让她迷茫。于是，在道理的海洋里，她随波逐流，迷失了方向。

一把年纪，别再动不动就恍然大悟的样子

也许你曾经见过这样一类人，当 ta 听到一个道理，每每若有所思，几秒钟后，你就看到 ta 瞳孔放大，嘴巴慢慢张开，直至 O 型，使劲连连点头——显然是 get 到了一个惊人的真理，人生马上就会因为这个发现而改变了。于是，你会觉得这样的人比那些顽固的人好多了，当他们听到有道理的事情，会以开放的心态去接受。这样的人，一定会进步很快。

但是，交往久了，你会发现自己错了。原来，ta 每听到一个道理，都是这样的反应。在获得无数个真理之后，ta 并没有变得更好，而是仍然在不断地幡然醒悟中。在下一次倒霉的时候，你会听到 ta 一声轻叹，引用了另外一个著名的道理——"听过很多道理，依然过不好

这一生"。

之所以会有这样的人,是因为 ta 没有独立的世界观。如果是在感情的世界里,那就是没有自己独立的情感观。很可惜,相当一部分女性都没有独立而强大的情感观。

到了一定的年龄,我们应该有自己对世界的比较系统的认知了。我们所学习的新东西,所接触到的新道理,都可以去用心体会,用心感受,然后——如果感觉它能够和自己原有的基础认知兼容,我们可以调整其程度,认清楚它的适用场景,最后,再吸纳到自己的系统里面。

而不是——随随便便的一个道理,就把自己的认知系统就打碎,接下来的日子,就靠一个孤零零的道理,支撑秩序残缺的人生。

一个太容易被新道理冲击的人,一定是一个没有独立思想的人。

所谓的婚姻真相,很多是失败者的有毒信念

那么,在婚姻情感的世界里,我们会听到哪些观念呢?这些观念,又会怎样影响我们呢?

年轻的时候,你一定听过"执子之手,与子偕老",也听过"山无棱,天地合,乃敢与君绝",或者"老来多健忘,唯不忘相思"这些美好的信念。然而后来,随着成长,你发现这些美好的肥皂泡好像都被击破了。取而代之的,是开头那些——很有颠覆性、很暗黑的"婚姻真相"。

但如果你略懂一点辩证主义,在成长的过程中,就一定知道:这个世界的确没我们当初想的那么好,但也真的没有有些人说的那么糟。

所以,关于情感,关于婚姻,一定有美好的东西,也一定有残酷的真相。但是,只要你不那么天真,也不那么极端,你就不会容易过于乐

观地相信美好,也不会过于悲观地感觉堕入地狱。

这考验的是什么？仍然是我们是否有独立的情感观。

可惜的是,太多的人心智不够成熟。尤其是一些女性,太过感性。以前过于天真,如今又过于哀怨。于是,情感的世界里遍地哀号,飘荡着失败者对于婚姻的咒骂和怨恨。如果你不幸进入了这样的一个圈子,或者认识了三五个恨天恨地的"闺蜜",你的情感观真的会受到波涛汹涌的冲击。

有人交友不慎,损失了钱财;有人交友不慎,失去了对婚姻的乐观态度。而态度会影响行为,最终也会影响婚姻的走向。

远离那些"真诚"地告诉你婚姻真相的人吧。你要理解她的用心,只有当整个世界都没有美好的爱情时,她才不会觉得自己是孤单的,是唯一被遗弃的,她是想拉你一起做伴儿的。

健康而独立的情感观,基于我们对自己的信任

曾经,我在平台讲过一次关于"男人的忠诚底线"的课程。课后,有位学员反馈,"男人有这么多不忠诚的花样,我到底还要不要结婚？"

当时我就很想抽自己两个耳刮子——我究竟讲了什么狗屁玩意儿,能让一个人如此怀疑人生。

后来看到了其他学员的反馈,我才稍微心安了一些,尝试安慰自己:"这不怪我,怪她没有仔细听,没有完整听。"然而我还是很惶恐。

我想告诉大家的是,即便男人有不忠的想法,甚至付诸行动,但他也一定挣扎和努力过。而这种努力,就是修复的开始,就是美好婚姻的资源。只要看到这些,就不会对婚姻失去信心。我们要做的是,看到这些资源并给予呵护。

但是，很多人真的是没有耐心把一个道理完整地听完，就急着去为自己的人生下结论了。

这也给了我一个教训，如果遇到一个情感观不独立的人，千万别玩什么"先抑后扬"和"后场反转"。因为这些人不但没有主见，而且没有耐心，最会断章取义。

之所以有人会断章取义，会选择用最悲观的观点去衡量世界，还是源于对自己的悲观。

她不觉得，自己还有值得男人爱的地方；

她不觉得，一段婚姻遇到问题，并不一定是自己的错；

她不觉得，自己的努力能够改变一些事情；

她不觉得，有那么一个男人不爱自己并不能说明什么问题；

她不觉得，青春已过，但自己还有丰盈的内心，照样可以倾倒众生……

这个世界，依然会流传着很多道理，依然会有很多人神秘兮兮地告诉你所谓的真相。但你有权力选择，你是让世界充满光明，还是堕入暗黑。当然，只有权力还不够，你还需要一些能力，去辨别这些道理为什么会被制造出来，是什么人，站在什么立场，选择了什么角度，才得出了这样的结论。

然后，你可以轻轻地说一句："你说的很有道理，但那是你的道理，关我屁事。"

你所谓的"自我成长",就是为了让他安心外遇?

感动中国男人的"自我成长"

最近,有一位女士深深地感动了我。我甚至希望,有关部门在修订新版《二十四孝图》的时候,能把她给收了。

她找到我的时候,提出的问题是:"如何控制自己的情绪?"

这位女士本身挺优秀的,事业有成,收入比老公还高,长得也不差,也不是脾气很坏的人,所以她问起这个问题,让人有些奇怪。

我问了句:"遇到什么事情的时候,你觉得自己需要控制情绪?"

"哦。当我发现我老公又有外遇,或者约炮的时候。"

"哦?你是担心自己做出过激的行为?比如,会冲进厨房拿菜刀,或者抽屉里找剪子……"

"不是。我想自己能够平和地跟他沟通。说起来有些丢人,我在老公和我恋爱的时候,就发现他喜欢和一帮朋友打游戏,喝花酒。不过,因为他当时对我特别好,所以我们就结婚了。没想到几年过去了,他那些低级趣味一点都没改。我们平时都没多少共同语言。最近他玩一款热门游戏,也经常和里边的女网友撩骚,而且还曾经到异地跟人上床。我发现之后,跟他又吵又闹的,他死不承认。然后,就拒绝沟通,现在对我实施冷暴力。时间长了,我就找他主动和好。但不久之后,他还会再犯。"

"所以呢？"

"所以……我听说，很多男人会往外边跑，是因为家里的女人没有满足男人的需求，或者脾气太差，牢骚太多，给男人的压力太大。如果家庭氛围不够好，男人当然不喜欢待在家里了。所以，我最近一直在看书，自我成长。"

"哦，怎么个成长法？"

"除了读书，我也听一些课程，其中有关于提升性生活质量方面的，我觉得我的问题就是在夫妻生活中不够主动，不太会小鸟依人。我正在努力学着主动一些，并且丰富一些夫妻生活的体验。当然，最主要的是我需要控制自己的情绪。当发现他犯错之后，我心里特别难受，特别想跟他吵架。但是，我知道，这只会让他更加躲着我，更不愿意回家。所以，我需要改善自己的脾气，提升自己的吸引力，让他自己心甘情愿地回家。只有自己成长了，才是解决问题的根本办法。"

——这是我听见"自我成长"被黑的最惨的一次。

你的"成长"，救不了对方的"渣"

其实，旁观者都能看出来，如果这位女士继续努力，读书读成专家，听课听成导师——也依然无法拯救她的婚姻！很明显，她现在所做的一切，都让自己的丈夫更加受益：外边继续花心不会有任何惩罚，家里还有位贤妻在努力"修仙"，努力做到不嗔不怒，很快就成了无条件接纳自己的圣母了。如此优厚的待遇，干吗要改啊？万一改邪归正回到家里，这些待遇都没了咋办？

的确，这个时代鼓励女性自我成长，尤其是结婚后，不应放弃提升自己，这是女性为自己谋得幸福人生的重要基础。但是，它未必是挽救婚姻的万金油。

一段婚姻如果出现了问题,可能出现在三个地方:自己的身上、对方的身上、两个人的匹配方面。

如果自己身上有着一些人格缺陷,或者不当的行为模式,或者一些错误的信念,都有可能让自己成为婚姻问题的根源。比如,太容易焦虑的人格,会让对方受不了;从自己父母身上习得的夫妻相处模式不正常,会让对方受不了;自己的价值观出现了问题,过于看重物质或者孩子的成功等等,也会把一家人逼疯。这些都可能会影响到婚姻和整个家庭。当然,问题也可能出现在对方身上,依然可能是人格、认知、行为等方面。

问题还可能出现在匹配上。总有些男女,是天生的绝配;也有些男女,就是水火不容。这些过不到一起的,未必是其中哪一个有什么致命的缺陷,很有可能是性格不合,放到一起就容易掐起来;或者是门不当、户不对,生活习惯的差异无法凑合。

很明显,"自我成长"只能解决自己的问题,而且是部分问题。一旦问题出现在对方身上,而且是"不治之症"的话,你再怎么成长,长到多高也没用。因为对方没变啊,需要改变的是对方。

就如同上面的案例,这位丈夫外遇的"爱好",可能是骨子里的,而且又有合适的土壤——一个臭味相投的朋友圈子。他的认知里,这都是正常的生活内容,就像别人看待抽烟、喝酒一样,只是一种爱好而已。对于这样乐在其中的丈夫,你不给他画红线,自己读书、听课有什么用?

这个案例中问题的主要根源在丈夫身上。"家里满足不了他的需求",这的确是个事实。但你得看,他的需求是什么。他的需求是违反了人类进化方向的,朝着动物性回去了,他是想和更多的异性发生关系。这个需求,在家里哪能满足得了？就算你真把性技巧练到以一敌百,能有七十二般变化,女仆、学生、空姐……各种诱惑都能来,但你终究敌不过时间啊,外边总会有更年轻的身体,最重要的,那些都是不一样的啊。

不是所有人类的需求和欲望,都是以满足为导向的。如果这样的需求和欲望应该满足,那多数男人都有这样的需求。但有的男人就能够守住自己的底线,因为人类进化需要自律。当你做一件事的时候,需要考虑对他人和社会的影响,更需要客观看待自己的需求和欲望——欲望是无止境的,如果一味地满足,只会让一个人的追求回归原始,导致人格崩塌,人类社会整体走向混乱。这不符合人类文明的发展方向。

鞋不换,脚越长就越疼

有一种情况的自我成长对于婚姻的稳定,并无益处。比如,本来你就是婚姻里心智更加成熟、精神世界更加丰富的那一个,而对面是一个不求上进、低级趣味,毫无共同语言的伴侣。那么,你的成长对你个人当然是件好事,但对于你们的婚姻却不是什么好事情。古人三日不读书,就觉得自己面目可憎。你家那位,早就不知道书朝哪边翻了,你看他得恶心到什么程度啊！这日子哪还能过得下去啊。

所以,有句话说,婚姻里的两个人要一起成长。如果原来是平衡而稳定的,两人都不成长,反而能继续过。但如果有一方经过日积月累有了很大变化,可能就会导致两个人的婚姻不再合适。不是有那么一个比喻吗？婚姻是鞋,舒不舒服只有脚知道。现在,如果你的脚老长,那鞋如果不换,一定会让你痛不欲生。

所以,自我成长对个人而言,是一剂良药。但对于婚姻的稳定,未必！

那么,对婚姻来说,自我成长这剂药什么时候是好用的呢?

那就是不能自立的人在婚姻遇到问题的时候。之前流行过这样一句话:"不鼓励女人出轨,但女人一定要保持出轨的资本。"我们套用一下,改成"不鼓励女人离婚,但女人一定要保持离婚的资本。"其实,也是自立的资本。如果没有这种资本,那么在婚姻中遇到问题的时候,你只能烧高香,祈求丈夫是一个品德高尚,或者心很软,不忍心抛弃你的人。

对于那些遇到问题,却暂时没有脱离苦海能力的女性,我们一般会说:"快快自我成长吧!否则你在婚姻的谈判桌上,永远是被动的。"

回到开头的案例,如果婚姻中的问题,是对方造成的,那么该怎么办?

第一步:让对方改。

第二步:如果对方无心改变,做两个判断:

A. 自己是否能忍受;

B. 自己是否能离婚。

第三步:如果可以忍受,那就接受;如果不能忍受,且能离婚——那就离。

第四步:如果不能忍受,暂时无法离婚——那就自我成长,直到能离婚为止。

第五步:回到第一步。

人生若是种投资,应把青春赋予谁

我知道他出轨了,但不敢说出来

若是丈夫出轨,所有的妻子都不会无动于衷,有的会离婚,有的会吵闹,但也有一些人,会选择痛苦的沉默。

A女士和丈夫家境不错,丈夫是企业高管。结婚后不久,两个人开始准备要孩子。因为对自己收入的自信,丈夫要求A女士辞去私企职员的工作,全心在家相夫教子。看到丈夫对家庭如此有担当,A女士也就同意了,然后开始了家庭主妇的生涯。A女士在理家方面的确是一把好手,不仅把一双儿女带得很好,一家人的饮食起居和周边亲戚朋友关系的打理,也可以说做到了极致。当然,这也消耗了她几乎所有的精力。

但她还是慢慢地发现,丈夫和自己的沟通越来越少,在外应酬越来越多。女性的直觉告诉她,两人心与心的距离越来越远了。感觉被忽略的A女士,开始表达自己的不满,开始追究丈夫的行踪和时间安排,两个人开始为此吵架。再后来,丈夫主动申请,调到公司驻德国的办事处。

后来,丈夫跟他说了一件事。他的一个位男性朋友,因为对婚姻生活失去了兴趣,选择了净身出户,过上了另外一种自由的生活:有时会和某个异性谈谈恋爱,但也只是看感觉,感觉没了就分手,不谈未来，不谈婚姻。

虽然丈夫没有表达为什么要说这件事，但 A 女士感觉到，丈夫在叙述的过程中，流露出隐隐的认同和羡慕。这让 A 女士感到了极大的恐慌。他感觉，丈夫就差最后一句话没说出口了："我觉得我们那样也不错。"

一年后，丈夫回家的时候，A 女士终于在丈夫手机里发现，他和同在德国的女同事出轨了。但痛苦的她，并没有去找丈夫大闹，甚至不敢去质问丈夫。她说："我不能让他知道我已经知道了这件事。否则，他一定会提出那两个字。"

在丈夫的手机里，A 女士知道丈夫和第三者之间也有一些矛盾。丈夫虽然忍受不了婚姻带给他的那些束缚，但也并不忍心就此撇下自己和孩子，也处于艰难的抉择中。如果一旦此时出轨被摊开，那么，丈夫也许就会鼓起最后的勇气提出离婚。

"这是最后的一层纸，我不能捅开。我要等他在外边玩够了，安心回来。"于是，A 女士对丈夫更加体贴，也不敢再和丈夫吵架，怕把他逼出去。

青春投进婚姻里，最怕是血本无归

在 A 女士的故事里，我们看到，这个事业有成的男人，即使不带走一分钱，仍然可以走出婚姻，离开家庭，而且很快就可以重建自己的生活。而对于这个家庭主妇来说，即便把所有的家当都留下，一旦面临婚姻解题，仍然像天塌下来一样，痛苦之余，完全不知所措。现实中这样的例子并不罕见。于是，往往能够看到很多女性在丈夫犯错之后，只是谴责和挽救，甚至不敢发声，根本原因就在于她们离不开婚姻，她们已经把最好的青春，都投入到自己的婚姻里了。一旦婚姻破裂,她们的投入就意味着血本无归。

而男人们呢,在结婚之后,多数情况都是把后方交给妻子,自己放下一些包袱,然后把所有的精力都投入事业中,提升社会地位,积累各种资源。而交到家里的收入,其实只是他们的人生发展的产物之一而已。

所以,一二十年下来,男人和结婚的时候相比,更加成熟、有能力、有资源,也有自信和底气。而女人即便有自己的事业,也多是放在家庭的后边,结果就是家里一切顺利,但自己却失去了刚结婚时的青春靓丽,也失去了那时的底气。

如果夫妻关系好,则家庭稳定,至少表面看似一切安好。但如果丈夫希望追求更多的新的幸福和体验,那结局就难料了。

女性在家庭中承担的功能,正在贬值

男女一旦进入婚姻,总是要有些分工。在过去的年代,家庭的功能是非常庞大而且复杂的,不仅有经济合作和繁衍生育功能,还包括满足个体基本的衣食住行、情感支持、性的满足、人际关系的维系以及休闲娱乐等多种需求。所以,以前的丈夫们外出挣钱,交给妻子的那部分责任——"当家",是具有极高价值的。

但是,随着社会的发展,社会分工越来越精细,很多家庭功能被外包了。比如,以前人们在绝大多数情况下得回自己家吃饭,得让自己的老婆给自己做棉鞋棉袄穿。所以,有些单身汉,是连棉衣都没有的;有些饭菜,自己也不大会做;有些家务男人也不擅长。所以,即便你会赚钱,你的生存仍然面临着很大的问题,至少质量会大打折扣。

但现在不一样了。一日三餐,你都可以在外边吃或者在家叫外卖;衣物都是买着穿,已经很少有人自己制作了;至于家务,洗衣店、小时工、水电工……只要你肯花钱,全都有人给你搞定。

所以,被商业化的这部分家庭功能,已经基本上可以被替代了。如果你还坚持把这些家庭职能当成自己在一个家庭里的立身之本,把大把的青春投入进去,让事情做得更完美,那你就危险了。

想一想,如果一个男人能赚钱,家庭里所需要的服务,他都能用钱买到,那么他对家庭的依赖还能有多少?尤其是在孩子大一些之后,他只需要支付点抚养费,就算完成了生育责任。如果在他的价值观里,一个完整的家庭重要那还好些,如果对于家庭的完整性也不那么在乎,那他会有很大的主动权。

所以,在商业成熟的社会,只要自身具备获取财富的能力,基本上很多缺失是可以通过钱来弥补的。但如果,你没有这种独立的经济能力,你就要自己去做很多不值钱的事情,来维系自己的生存。

所以,如果我们把婚姻当成一个合伙公司,丈夫和妻子是合伙人,那么,很多妻子都选择了做内勤、当文员的职责,而把经营的核心部分,都交给了丈夫。这种情况下,如果出现了变故,公司解散。那么,丈夫们随便找个搭档就能重建公司,而妻子们呢?难道你去喊——

我这里有个文员,谁来一起开个公司?

女性投资法则:把青春,投给未来的自己

做过理财的人,都知道4321法则,即资产配置方面采用40%投资、30%生活开销、20%储蓄备用、10%保险这个比例。这个法则告诉我们,我们最宝贵的东西,一定要按照我们的实际需要配置好,要考虑保值升值,也要考虑风险防御,不能"把所有的鸡蛋放在一个篮子里"。

那对于一个已婚女性,如果把青春、精力当成最基本的资产,又应该如何分配呢?

（1）别太把"做菜好吃""整理收纳技术高超"这些当成自己的核心竞争力——因为你不是厨子,你也不是以整理收纳为事业的执业人员。那些对于一个女性来说,是锦上添花的事情,但不是立身之本。

（2）别把"教育孩子""赡养老人"当成自己的终身事业。这些事我们当然要做好,但主要靠的是质量,而不是全靠时间。毕竟,孩子会长大,会离开我们。你不能把人生的重心放在孩子身上,孩子承受不起,你自己将来也会失去重心。老人也最终会离我们而去。所以,这些虽然是我们人生的任务,但不是人生的重心。

（3）要考虑清楚,当你把自己在家庭里的身份剥离之后——你是谁?当你不是一个妻子,不是一个母亲,不是一个儿媳的时候,你是谁?你能做什么?你为什么而活?

（4）如果你知道你是谁,那么,你打算为自己投入多少时间和精力?为将来能成为更好的自己做点什么?

回到文章开头的案例。如果离开家庭,A女士已经不知道自己是谁。因为她已经把大把的青春给了这个家庭,这个家庭是她无法放手的。所以,不能让离婚这两个字从自己和丈夫嘴里说出来。所以,她要假装岁月静好,等待丈夫靠着他的"不忍心"和良知回归家庭。

但这种没有底线的人生,即便留得住婚姻,又能幸福到哪里去呢?

反之,如果我们把青春投资自己,只要自己变得更好,那么家庭里的每个人也都会因此受益。孩子更尊重有能力的母亲,父母更放心有实力的女儿,丈夫也更欣赏有魅力的妻子。

所以,盘点一下自己手上的时间和资本,多给未来的自己投一些吧。

你不是败给了年老色衰，而是对自己懈怠

无数的婚姻故事已经告诉女人们，婚姻里的"岁月静好"梦，多数是不靠谱的。你不去折腾世界，世界自然会安排一些意外来折腾你。所以，与其坐等太阳升起的时候意外来临，不如扔掉一个"等"字，去做一些有意义的事情，比如成长，比如提升。成长到底意味着什么？你是为何而成长？这些已经在之前的文章里谈到了。那么，今天我们就来一起看看，婚姻中的女性，到底成长了什么？

别只看不再青春的容颜，却忽略了灵魂的日渐丰满

当一段婚姻濒临破裂，并不是所有的女性都敢于走出婚姻，即便自己的丈夫已经烂泥扶不上墙，但相当一部分女性会说：

"我已经不年轻了。如果离婚，怎么还可能找到更好的男人。"

当婚姻被第三者插足，很多歇斯底里的女性会说：

"三儿那么年轻貌美，我怎能与之匹敌？所以更无法平静相对。"

可见，很多女人内心都有一个信念：当自己不再年轻貌美，就贬值了，就不再有竞争力了。于是——

在婚姻平安无事的时候，心里她们的也一直为此焦虑，用尽各种办法挽留青春容颜；有的连这种心思都没有，只是深深忧虑的同时盯紧了丈夫，虎视眈眈地环伺一切可能冲击自己婚姻的异性。

在婚姻走到尽头的时候，她们更是充满了恐惧，把自己当成"垃圾

股",担心没人接盘。

其实这些女性,严重低估了女性魅力的丰富性。在两性关系中,女人对男人的吸引,青春貌美只是其中一种。如果你认为男人的眼里只有肤白貌美大长腿,那就误解了男人对女人的需求的多样性。而且,男人对女性的需求,在不同的年龄段也有着不同的重心。很多时候,女人最吸引男人的,不是年轻的肉体,而是有深度的灵魂。所以,你会看到很多人到中年仍然魅力四射的女性,会受到社会的接纳,男性的青睐。而在实际经历的情感咨询中,我们也的确看到很多四、五十岁的女性,情感虽然不顺利,但从来没怀疑过自己对异性的吸引力,深信喜欢自己的男人仍然很多。

所以,如果你总是宣称,自己只是输给了年轻貌美——那是你在为自己内在的失败寻找借口。

四方面的提升,打造立体而丰富的魅力女性

回到成长的话题,那么一旦走进婚姻,甚至人到中年,女性该在哪些方面保持提升呢?

1. 与年龄相符的心智成熟

从年龄上讲,大家都是成年人了,但是说到心智的成熟,却未必如此。我们经常发现,身边有些人做事的表现与年龄不符。关于婚姻里的心智成熟,我们重点说四个方面:

(1)我们要承担好自己的各种角色,并且适应角色的变化。在婚姻里,决定婚姻质量的一个重要方面,就是两个人在关系里所承担的角色和责任,是否符合彼此的期待。通俗来讲,做丈夫的像一个好丈夫,做妻子的像一个好妻子。当然,婚姻里的女性在家庭里还不仅仅

是这样一个角色,你还可能是儿媳妇、一个妈妈、一个嫂子或者弟妹等等。每一个角色面前都有着不同的责任,有着不同的话语方式。这些都是自己应该去意识到并做到的。

(2)我们要对情感和婚姻发展规律的认识更加成熟。包括对婚姻情感目标的调整、情感信念的调整、对错误的包容、对婚姻失败的预案等等。在恋爱的时候,你可以认为,爱情是可以天荒地老的。你也可以认为,爱一个人是可以不顾一切的。但是,到了一定年龄,你要知道世界的真相。这个真相肯定没你想的那么美好,但只要你能理性地看待,也不至于糟糕到哪里去。你要了解很多关于婚姻的真相,比如,为什么门当户对竟然是有道理的;为什么在婚后两三年,感觉平淡了;男人和女人沟通的方式有什么不同;男人和女人应对压力的方式有什么不同……知道了这些,你就知道为什么有时候男人在外边话多,回家就不愿意说话。总之,如果你对这个世界更理性地看待,那么,遇到事情的时候,你会更加从容、更加宽容。

(3)我们要提高情商。我们的智商是稳定的,但情商是可以提升的。情商,不是我们以前简单地认为的与别人交往的能力,而是能够让我们更好地与自己相处、与他人相处、与环境相处的能力。情商高了,你能感觉到别人的情绪,也能感受到自己的情绪,还能通过一些方法,改变大家的感受,会让别人和自己都舒服。这是成年人应该具备的能力。

(4)我们要不断地完善自己的人格。虽然人格的内核是稳定的,但是随着年龄的增长,我们看到很多人其实是可以做到越来越融通、越通透的,脾气也会发生一些变化。我们要去发现自己人格方面的缺陷,慢慢地去觉察、去调整。这个事情,不仅仅是我们在婚姻里能获得更多幸福的途径,也是我们个人一生中最重要的课题之一。用一个通俗的词,我们可以说,是修行。

2. 家庭管理协调能力

其实中国女性在家庭管理方面,付出一直都是比较多的。但非常遗憾的是,家庭管理工作的价值被严重低估了。但我们相信,以后会有越来越高的评价。

这方面的提升主要包括三个方面:

第一,健全家庭功能。我们知道,家庭的基本功能包括经济功能、生育功能、性生活功能、教育功能、抚养与赡养功能、感情交流功能、休息与娱乐功能等方面。一个好的家庭,这些功能应该是完整的、平衡的。如果哪一方面有所缺失,一定会影响家庭的生活质量。如果一个女性,能够做到让家庭功能完整,基本上,这个家庭出现问题的概率是比较低的。

第二,让每个家庭成员都能做好自己。在一个家庭里,每个家庭成员都过得好,家庭才会幸福。任何一个成员出现严重的问题,都会让家庭处于一个非常糟糕的氛围中。比如,一个厌学的孩子,会让一个家庭失去对未来的憧憬;一个出轨的丈夫,会动摇家庭稳定的基石。另外,每个家庭成员也都有为自己选择人生的权力。只要他的选择与社会是相适应的,不违背公序良俗的,那么,他就有选择自己兴趣爱好和发展方向的自由,其他的家庭成员应该给予支持。

第三,做一个生活家,提升家庭的生活品质和档次。这一点说来简单,但一个好的家庭管理者,才能够让家更有家的味道,更有家的温度,这方面需要提升的不仅是技能方面,还和个人的文化素养息息相关。

3. 经济能力和资源掌控能力

每每说到女性的自立，都会提到情感自立和经济自立。其中的经济自立，其实并不单纯是你有一份好的工作，或者一技之长。其实，它也包括一些对家庭资源和社会资源的掌控能力，比如财富资源，人脉资源。当你拥有它的时候，你要好好地利用它创造财富或者获得生存的支持。比如，哪怕你不出去上班，但是你拥有投资的能力，或者自己利用某些资源创业的能力，哪怕只是开一家服装店，或者美容店。很多时候，人到中年，可能再去掌握新的技能不太容易，但是你已经掌握的财富和资源，足够为你获取以后的生存所需。

很多女性在发现婚姻不幸的时候，离不开婚姻，就是因为对婚姻的依赖程度过高。而好的经济能力和资源掌控能力，是降低我们对婚姻依赖程度的非常重要的因素。很多人说，女人不一定要离婚，但要具备离婚的能力。显然，这种能力便是最重要的离婚能力。

4. 与异性交往的机会和吸引力

一旦我们的婚姻带给我们的痛苦多于幸福，那么，这个时候，你是否具备对其他异性的吸引力，就成了你是否有权选择未来的重要因素。如果你成为一个乏味的黄脸婆，那么，孤老终生也不是没有可能；如果你风韵犹存，仍然是一个性感的女人，那么，有的是人愿意和你共度余生，你可以从容地从里边挑你喜欢的。

你需要有和其他优秀异性交往的机会。很多女性进入婚姻后便闭关锁国，基本上没有和其他异性的社交机会，那么，往往会很少收到来自异性的肯定和认可，时间久了，对于自己的魅力就会失去自信。所以，和异性交往的过程，就是检验自己和更新自己女性魅力的一个必需的环境。

那么，对异性的吸引力，具体来讲又是什么呢？肯定是既包括内在，也包括外在。外形有料，内在有趣。其实，人到一定的年龄，内在和外在总是相互作用的。你看到一个外表邋遢的女人，内心一定也比较凌乱。而外表优雅的女性，内心一定有她的一套相对完整的人生哲学。所以，女人的外在，到后半程拼的不是前凸后翘，而是拼气质。

当然，关于吸引力的收放，是另外一个比较大的话题。与异性交往的尺度，靠的是自己内心的坚定和人际间微妙的分寸感。

成长的最终目的是：我要幸福，我不将就

我们以前谈起成长，多数是被动的情况下，要摆脱一段婚姻，或者要获得和男人分庭抗礼的资本。或者从根本上讲，我们成长，是为了保住我们的婚姻。但实际上，成长所能提供的，不仅仅是保住婚姻。

因为成长让你变得更好、更强。成长的野心在于不管婚姻怎样，教让你变成更好的自己。也就是说，当你足够强大的时候，你不会用自身的能力去维持婚姻，你会更加主动，你甚至可以选择，是否保留眼下的婚姻。你可以对男人说，我不将就；你也可以对婚姻说，我不将就，我要去追寻我更好的生活。

我想，这才是成长的真正目标。

除了老公,你的世界里必须有别的男人

有一句话,近几年经常被痴情男女广泛引用:"你若不离不弃,我必生死相依。"这句话的确感人至深。所以,当那些感性的人为这句话擦眼泪的时候,稍微有些逻辑能力的人都隐隐会有一种感觉:"等等,先别激动,这句话好像没说完呢……"

是啊,这是一个不完整的假设句啊。如果你"不离不弃",那么我才用"生死相依"来回报,但如果——你"离了弃了"呢?

很多人以为,这样的假设大煞风景。但实际上,这样的假设在如今颇为常见。很多女性会在婚后多年,面临着这个问题——当年信誓旦旦的他,如今准备离了、弃了……于是,晴天霹雳,猝不及防,因为自己的人生里从来没有准备第二个预案。

如果我以前算个"校花",现在就只能算"笑话"

Lisa 在当年读大学的时候,由于长相清丽、气质脱俗,全系的男生都认识她,而且也不乏追求者,但她一直"捂盘惜售"。最终,她嫁给了一个外系的男生,这让本系的男生久久不能释怀。若干年后的同学会中,她的名字偶尔还被提起。但她的生活状况,却鲜有人知。

实际上,那个曾经在众多男生中靠着一种舍我其谁的霸气男人味儿捕获美人芳心的男生,在和 Lisa 结婚后,大男子主义越来越明显。他乐于在单位和哥们儿之间应酬,却不乐意回家。而 Lisa 成了一名

中学教师,每天两点一线,生活单调,圈子也越来越小。尤其是,结婚后她的生活圈子里很少接触异性,加上要花很多精力照顾孩子,慢慢地,对自己的形象也不太关注。经历了一些俗套的剧情之后,两个人的感情越来越淡,逐渐陌路。最终,丈夫有了新欢。

然而,在所有人都认为她会决然地离婚的时候,她却表现出让人诧异的畏缩和抗拒。"别拿我的以前说事儿,如果说,以前我算个校花的话,现在的我,只能算个笑话。我现在照照镜子,自己都看不上自己,更别说别的男人了。以前我年轻——现在,我有什么啊?"

其实,她有稳定的工作,不错的收入,外形要是捯饬一下也仍然风韵犹存,孩子也大一些了,并不需要太多担心。但她还是觉得自己对男人,已经毫无吸引力。所以,她没有离婚的勇气。

缺少和异性的互动,女人自我概念开始贬值

从"校花"到"笑话",这两个词语里,我们看到了一个女人自我概念的贬值,也看到了活力和勇气的丧失。女人在确定一个固定的伴侣之前,由于潜意识的作用,往往都处于绽放的状态,散发出最强的魅力,去吸引异性。在这个过程中,会因为和众多异性有或远或近的接触,而相互释放一些信号。这些信号,往往包含着异性对自己的欣赏、好感,甚至也有一些明显的追求。这都会给女性带来自信和满足感,这种感觉会让女性的魅力更加灿烂。

然而,很多女性一旦选定了一个伴侣之后,出于相守一生的信念,便主动收起了绽放的魅力,从此专属一人。但是,夫妻之间的吸引,总会从男女的吸引,转变成角色的承担。所以,对于异性的吸引这件事儿,便少了很多精力,即便做了,也不太会接受其他异性关注的信号,和异性的吸引和互动就基本没有了。从此,很多女人也就失去了一面

镜子,看不到自身的光彩,越来越不自信。

但也有一些女性,因为工作的原因,或者不甘于放弃更多的社会生活,仍然活跃在更宽广的舞台上,即便是婚后,也可以接受其他异性的注目,仍可以继续感受到自己的魅力。这些女性,往往仍然保持着在异性面前的自信。

在婚姻稳定的情况下,也许前一类女性更顾家,更像岁月静好的样子。而后面这一类,多少有些不着调,婚姻也多一些风险——因为认识的异性多,跑偏的机会也多。但是,一旦在婚姻里,丈夫开始三心二意。这两类女性的主动权的差异,便立刻显现出来。

有选择的女人,更有自尊,更霸气

那些顾家但对自己已经不再自信的女性,看着开小差的男人,往往只有哀怨和谴责的份儿,却没有惩罚和制裁的底气。因为自己感觉已经离不开对方,一旦离开眼前的这个男人,自己就是半老徐娘,没什么价值了。

而另外那些保持着女性魅力自信的女人,因为有底气,因为有其他异性的认可,心里就特别有底气——你不稀罕老娘,自有别人稀罕。所以,她们可以霸气地占据主动位置:要么老实认错,要么滚!

当然,其实事情往往不会闹到这一步。因为,这种底气的存在,这类女人一直更有活力,一直在丈夫面前也更有魅力。某些自控力不强的丈夫往往反而不会轻举妄动。但若真到这一步,这种身边经常接触男人的女人,往往也确实有更多的选择。

当我们的婚姻有更多选择的时候,如果纯粹从已有婚姻的稳定性而言,或许不是一件好事。但是,有选择却可以让我们作为婚姻中的个体,有更多的主动权,降低对这段婚姻的依赖程度。这也就保证了,当我们遇到非常糟糕的婚姻的时候,我们可以选择不忍受。所以,有选择,可以保证我们幸福感的底线。

简而言之,当你有更多选择的时候,不一定让你的婚姻更稳定,但一定可以让你仍然有机会追求幸福。反之,你可能堕入一段因为对方的过错而无比痛苦的婚姻,却无力自拔。

如何把握和异性相处的分寸感

在谈如何相处的时候,我们应该知道,我们为什么要让我们的生活中有其他的男人。首先,这些异性的存在,有助于我们保持活力,保持魅力。其次,在万不得已的时候,里边也许会有我们的可替代选择。

所以,异性资源对于女性,更像是水库。用不着的时候,就放那当朋友。一旦自己的婚姻有变,立刻可以在其中搜寻可以寻求亲密关系的对象。

但这种异性关系的获取和维持,需要一些界限和分寸感。或许一句话两句话不能说清楚,但仍然可以试着提出一些参考。

(1)不拒绝社会化,拒绝困在小圈子、小家庭。只有多融入社会,我们才会有足够多的社会角色,才会让自己更加丰富,通过更多的人来照见自己、认识自己、发掘自己、提升自己。当然,这也是遇见更多异性的基础条件。

(2)为异性友谊清晰定位。在你的婚姻稳定的时候,不要和身边的异性有任何暧昧的关系。要避免这样的情况出现,就要有清晰的定位。比如同事、老同学、工作合作对象,这些都是可以见光的异性关系,也可以有适当地超出原有关系的亲密,比如,欣赏、仰慕,或者投脾气、要好,但可以让伴侣知道、认识甚至共同接触。

(3)有一个男女混搭的圈子更好。比如,三五闺蜜掺和几个异性朋友,偶尔吃饭聚餐休闲娱乐,是一件既安全又有活力的事情。这样的相处更自然,也更和谐,大家都可以避免各种模糊和尴尬。

(4)对于和异性的关系,自己要有清晰的底线。比如,对丈夫不隐瞒,不聊过于私密的话题,不发生超越现有关系的单独相处,等等。

结语:我不是教你坏

以前总有人说,婚姻是爱情的坟墓。但其实,也是一些女性的坟墓。因为从结婚那天起,她就把自己封闭起来了,把自己与世隔绝。其实,男人是女人多好的镜子呀,你放弃了更多的镜子,守着丈夫一个人,就只能看到一个片面的自己。你就只看到,自己和这一个人的关系里的纠缠和你输我赢,却忘了——更大的世界,可以塑造更好的你。

所以,让你认识更多的男人——这并不是教你变坏,而是让你变得更好。

当"糟糠之夫"越来越多,"女强人"们该怎么办?

当年给男人的那道题,如今很多女性也要面对了

当年汉光武帝刘秀得了天下之后,经常为一件家事操心。他的姐姐湖阳公主守寡,一直没找到合适的对象可以二婚。于是,他就想从自己的骨干员工里挑一个好的。能当皇帝的大舅哥,当然是很多人求之不得的好事。所以,他也没在乎这些员工是不是单身。后来,他就相中了已婚的宋弘。

这宋弘战功赫赫,是自己曾经出生入死的铁杆兄弟,而且长得也帅。于是,他跟姐姐说:"哎,你看这兄弟怎么样?"公主说看看吧。于是,刘秀召见宋弘,让姐姐在屏风后观察。

刘秀拿出了一套自己的婚姻观,给宋弘洗脑:

"兄弟,我听说过这么一句话,说人的身份显贵之后,应该换朋友。为什么呢?俗话说,圈子对了,一切就对了。你看,咱们兄弟混一个圈子之后,我成了老板,你成了高管。这句话还有后半截,人富了之后,得换老婆。为什么呢?俗话说,女人选对了,一个家族就对了。因为女人决定一个家族的命运呀,她要为你培育接班人,所以要换更好的。对于这种说法,你是怎么看的?"

宋弘只说了一句话：

"哥呀，我听说的版本可不是酱婶儿的。我听说的是贫贱之知不可忘，糟糠之妻不下堂。"

刘秀一听，回头对屏风后边说："老姐呀，没戏了。"

当年的宋弘，能够面对老板的厚黑学洗脑，保持自己的立场，其实非常不易。但他答对了这道题。后来，这道题也一直为难着发迹之后的中国男人们。有人被身边那些兄弟带坏了，跟着换了媳妇，而有些则坚持底线，恪守良知。

然而，如今，中国的女性们也开始越来越多地面对这道难题，因为——"糟糠之夫"越来越多了。

没跟上趟的"糟糠之夫"的几种脸谱

要给糟糠之夫一个定义，我们得先来看糟糠之妻是什么意思。这个词一般用在男人发达之后，指代当初一起过苦日子的妻子。在古代，因为女性在家庭里都属于从属地位，所以在这个过程里，一般都仍是在持家而已，身份并不会有什么变化，而年纪却变得老了些。

而今天这个时代，夫妻的个人价值，是都有上升可能的。那么，我们可以把糟糠之夫理解为，夫妻两人起步的时候，日子还是很艰苦的，但后来整体改善了，尤其是妻子发展得很好，然而，丈夫却原地打转，没有跟上来。这个没有跟上来，不仅仅是指社会地位或经济层面，还有可能是精神层面。

我们不妨用几个简单的例子，为这些糟糠之夫画个像。

（1）

A 女士和丈夫当年一起到深圳打拼，两个人可以说都是白手起家。A 女士一路从一家企业的销售员，做到了大区经理。而丈夫，从一个互联网创业公司的创业成员，在初期因为个性问题和其他股东很难相处，最后放弃了股权，混到了普通员工。如今公司越来越好，当初的伙伴们都已经身价大增。而自己已经 40 多岁，却要和那些年轻的程序员拼体力，最终感觉身份尴尬，想换工作。然而，从公司出来之后，才发现自己的这个年纪，在这个行业已经非常难找工作了。

失业在家的丈夫，虽然一直在找工作，但多次高不成、低不就之后，连去面试都打不起精神。于是在家里带带孩子，做做饭。时间久了，A 女士对丈夫的状态不满，难免有些抱怨。然后，两个人沟通就越来越少。直到有一天，A 女士偶然发现丈夫的微信里，竟然在和孩子同学的妈妈暧昧撩骚。

来做咨询的时候，A 女士说："我也知道，男人需要尊重，需要鼓励，需要仰视……我也努力过，但我自己都觉得很假。我真的做不到真心地仰视他呀。"

（2）

B 女士的丈夫，曾是一位教师。经过在教育战线的多年打拼之后，终于当上了一所重点学校的副校长。在 B 女士的眼里，丈夫是个官迷，年纪轻轻却有些卫道士的风范。这些年来一直沉浸于向上爬的奋斗历程，开口闭口多是成功励志的心灵鸡汤，或者是今天被哪位领导夸奖或者接见了，对于夫妻之间的小情小爱，从来都不上心。

B女士经过咨询之后,认定是自己对于丈夫的吸引力不足,于是开始了全面的自我魅力提升。美容、瑜伽、跑步、打球……各种锻炼的结果是B女士的朋友们都感叹她身材越来越好,容光焕发,开始逆生长了。在健身房里,也有各种男性偶尔留个电话,这都让B女士自己的生理需求再次被激发出来。于是,她在网上买了一些情趣内衣,想给丈夫一些惊喜,也满足自己的需求。

当某个晚上,风情万种的B女士穿着性感的内衣出现在丈夫面前时。丈夫完全懵了,"你……这是干吗,太伤风化了……"彼时,B女士的内心是崩溃的。

"都说女性要成长,我是成长了,可再长我就得出轨了……"

(3)

C女士的丈夫是一座小城里的公务员。两人是在外边读书的时候认识的,后来她到了丈夫的老家工作。结婚之后,C女士两口和公婆住在一起,才发现这是一个非常传统的大男子主义家庭。在这个家里,女人下班后就要做家务、看孩子,而男人们则可以去休闲、娱乐。

小城的丈夫们生活内容非常单调:上班、喝酒、打牌。每周几乎有多半的晚上,是在外边吃饭的。男人们也从来不带孩子,也不参加家长会,不关心孩子的成长,好像带孩子就是女人的事情。这些看起来都是传统,所以公婆都没觉得有什么不对。但对C女士来说,当然受不了。

她非常希望在晚上或者周末,丈夫能一起带着自己和孩子,过三人世界的生活。可是,这样的机会非常稀少。出去旅游,丈夫也一定要拉上全家老小,而C女士也会沦为一个背包、抱孩子的服务者。每次出去她都累得够呛。

每次 C 女士表达自己的不满,丈夫都非常不理解:"生活不就是这个样子的吗?这难道不就是女人想要的岁月静好吗?"

"这当然不是我想要的人生,太单调乏味了。我觉得这样的人生就是在一点点腐烂,没有任何的生机和希望。真的都是眼前的苟且,没有任何的诗与远方。" C 女士开始考虑离婚。但她担心的是,离婚的理由会让人觉得莫名其妙。

这个时代,男人不再那么容易被仰视

在过去的很长时间里,男人被女人们仰视。因为在家庭里,男人是主要的生活资料的获取者,女人依附于男人生活。而在这个时代,女人在承担更多家庭责任的情况下,还是艰难地走向了社会。

一些优秀的女性,在生存能力上并不差。而且,相对于男性,一些女性的心态更加开放,更加愿意改变自己,尝试新的生活。

而此时,男人们虽然仍然习惯性地保持着自己性别上的优越感,却发现越来越底气不足。或者,他们发现自己挣得也不比自己的妻子多;或者,他们发现女人越来越有主见了,脑子里不知从哪里学到了那么多新鲜东西;甚至,她们开始不接受自古而然的传统观念。其实,事情远没有到此为止。更多的女性,在变得越来越强,甚至完成了超车。而男人自己却已经陷入瓶颈,人生看似已经封顶。

于是郁闷不得志的男人越来越多,被动地让出家庭主导权的男人越来越多。会有个别的男人,习惯了被仰视、被崇拜,但在家里却得不到。于是,到外边去找一个更弱一些的女人,在婚外的情感里,感受一下被理解、被温柔对待的感觉。被发现之后,有时会把责任推给妻子:

"因为我在家里不被尊重。"

尊重不是要来的,无论男女

相互欣赏,相互尊重,的确是婚姻里非常重要的因素。获得欣赏和尊重,有两种方式,一种是凭魅力,一种是凭社会教条。以前的男人,无论能力强弱,都可以获得尊重,因为有"三从四德"。可如今,社会教条已经在逐渐被打破。而魅力呢?就不好说了。

魅力,其实也并不是只和经济能力的强弱有关。一个人的知识、眼界、趣味、品行、三观、人际交往风格等都可以成为重要的魅力要素……

所以,如今男女开始站在同一起跑线上,要尊重可以,拿出理由来。这开始和性别无关。

长久以来,当女性是婚姻里的弱者的时候,经常会感受到丈夫们的不尊重。比如,情感的忽视,甚至是出轨。如今,当部分婚姻里强弱出现倒挂的时候,部分既无能、也无趣的男人当然也感受到了这种不尊重。

就像掌握更多资源和自由的男人更容易出轨一样,活跃在社会上的魅力女性,同样有出轨的资本和机会。如今,这样的案例正越来越多。

当年,出轨的男人们的确对家里的"黄脸婆"提不起兴趣,如今,有些男人也的确让优秀的女性不再有兴趣。

看看家里那个乏味的老公,和外边更有魅力的男人,她们也开始在道德和自由之间挣扎。当她们一旦决定,自己要不顾道德的禁锢,追求自己的个人幸福,而不是委曲求全时,世界上除了"怨妇",还会出现"怨夫"。

或许那时候,也会有一个平台,呼吁这些男性要成长起来,要更新观念,要重新认识女性。当然,也会有更多反潮流的女德班出现,惊恐万分地让女性归位。

想一想这些,倒也挺热闹的。

关于"成长",那些让人激动而不安的深层含义

成长有一个别名,叫"背叛"

什么是成长？小鸡啄破蛋壳,从里边钻出来,叫成长;蛇蜕去旧皮,叫成长;金蝉脱壳,叫成长。这是动物的成长,那人呢？

说起人的成长,我经常会想到我们祖先给我们留下的一个意味深长的故事。

很久以前,有一个男孩,因为闯了祸,和父亲不和。父亲为了保全自己,总想让他听话,控制他。最终,男孩剔骨还父,割肉还母,换取了灵魂的自由。幸而有神仙给他用莲花做了身体。这个男孩是谁？对,他叫哪吒。

在这个神话故事中,哪吒从人到神的转折点,就是拥有了一个新的身体。这是他成长的一个标志事件。

那么,我们现在再来看,关于成长,到底意味着什么？我们都知道的是,成长之后,鸡蛋就变成鸡了,蝉就会飞了,蛇可以长更长了,哪吒就变成神仙了。我们看到的成长意味着变得更强,甚至脱胎换骨地升华。

但是,我们忽略的是——成长中,还伴随着一些其他的事情发生,比如告别、打破、抛弃。蛋壳曾经保护过鸡蛋,蝉的壳也曾经保护过蝉的幼虫,蛇的旧皮也曾经是他最美的衣裳。但是,当成长来临,这些,都要被打破,都要被抛弃。

因为,他们的存在,会阻碍成长。

抛弃那些曾经孕育过我们的东西,抛弃以前对自己有用的东西,如果用一个有道德色彩的词,可以叫什么?对。背叛。

那么,我们不得不承认,成长,本身就意味着背叛。也许你会说,这有些牵强,这和我们的成长不一样,我们的成长,哪有什么背叛。好,那么,我们来看看,人的成长中有没有对过去的背叛。

曾有一段关系,陪伴着我们

曾经有一幅漫画故事,在朋友圈里流行。作者给这个故事起的名字是《有情人也成前任》。但,我更愿意给它起一个更朴实的名字,就是——成长的故事。

漫画的内容是这样的:

这是一对恋爱中的蛋。一开始,它们过着甜蜜的日子。它们讨论它们的感情,它们谈论自己的理想,一只想成为鸡,一只想成为鸭。这样,它们还可以在同一个世界里,愉快地玩耍。这是它们在那个时候对彼此的承诺。它们一起沐浴阳光,一起躲避风雨,一起憧憬美好的未来,甚至考虑把以后的家建在什么地方。他们坚信,他们彼此会永远相爱。其实,这和我们的伴侣关系中——最初的我们,是多么相像啊。

但是,三个月后,它们都从蛋壳里破壳而出。它们依旧一起玩耍,但是,却发现开始出现了很多分歧。吃的东西,吃不到一起,玩的东西也玩不到一起。为什么呢？因为，它们一只是鳄鱼，一只是小鸟。小鸟愿意把自己心爱的虫子分享给鳄鱼，但是，那不是鳄鱼的菜。鳄鱼希望和小鸟分享游泳的快乐，但是小鸟没有那种能力。所以，它们越来越不快乐。它们开始问自己："难道，我们回不到从前了吗？"

还好，它们虽然伤心，但也看到了这个不可改变的事实。于是，它们接受现实，决定各自去追逐自己的未来。于是，它们好好的告别。一个去往了它的江河湖海，一个飞向了它的天空。作者最后总结了一句话，"感情破裂不一定需要什么理由，可能只是因为，岁月在变迁，彼此在成长"。

这是一个让人非常伤感，但也非常美好的一个故事。我们伤感，是因为那段过去的美好的岁月，真的留不住，也回不去，就像我们当初的爱情。

但我们也感觉很美好，因为，小鸟飞往天空，而不是在下边陪着鳄鱼，对它来说，是一件好事。它的未来很美好。

而鳄鱼游向江河湖泊，不必在岸边陪着小鸟，也获得了自由。对它来讲，也是一件好事。

这也让我们想起了另外一句话：相濡以沫，不如相忘于江湖。

只要大家都好，彼此忘记，又有什么好可惜的呢？

这个故事虽然作者在这里用的是爱情的关系，其实，我们想一想，这个故事用在友情里，用在亲情里，是不是也是一样的呢？

想一想，我们小时候的玩伴。在我们懵懂的少年时代，有多少人，曾经陪我们一起走过那些美好的岁月。我们那时候，也天真地的以为，我们会是一辈子的朋友。我们长大后会一起面对一些事情。但是，不知哪天起，我们去了不同的地方，虽然假期里也许我们还会相见，但却难以避免地，共同的话题越来越少。终于有一天，我们踌躇着拿起电话，想拨打她的号码。但犹豫了一会儿，还是放下了。因为，我们真的已经属于不同的世界。这一放，也就把一段美好的友情放下了。

在亲情里也是如此。我们曾经如此依恋我们的父母。他们一会儿不在眼前，我们就哇哇大哭。但在某一天，我们学会了走路，推开了妈妈想扶着我们的手。在某一天，我们学会了坐车，沿着一条公路，驶出妈妈的视线，并没有回头。

通过上面所说的种种场景，我们看到：我们曾经在一段关系里，获得了力量，让我们成长。但我们成长之后，那段关系，已经不再适合我们。于是，我们开始去寻找新的关系，继续生活。

当一段关系不再适合我们，它就不再稳定

这让我想起了，上学时候学到的马克思的一个理论：生产关系和生产力的关系。

当生产关系能促进生产力发展的时候，这个生产关系就是先进的，就是好的；当它阻碍了生产力发展的时候，就成了落后的。结果是，必须打破这个旧的生产关系，建立新的生产关系。其实，搬到情感世界里来，完全一样啊。

当我们和伴侣的关系，能够促进我们成长的时候，那么他就是一段好的关系。

当我们和伴侣的关系，影响了自身成长的时候，那么……不管你最终是否决定要打破它，它都会让你不舒服。这时候，你会面临取舍。这个我们后面再谈，因为我们现在还只是在谈论成长。

那么,既然成长带来了关系的变化,那我们还要不要成长呢?当然要。在以前,我们一直都是这样选择的。所以,我们才成了今天的我们。当然也有一部分人除外,比如妈宝男、妈宝女,这些人喜欢留在以前的关系里,不愿意出来。

那么,我们现在就知道了成长对于我们的意义,那就是——让我们成为更好的自己。成长后的我们,可以到一个新的高度,看到一个新的世界,收获人生更精彩的风景,我们当然要成长。

当然,有些人说,我觉得成长有时候确实也对婚姻有好处啊。没错,健康的关系里,当然不排斥成长,而且成长会有利于这样的关系。但是,我们现在说的是,成长的最初意义。它对于我们个人具有非凡的意义——就是让我们成为更好的自己,会让我们感受到更多的幸福。

然而,关系的稳定又取决于那些因素呢?

稳定关系的背后真相:没得选

我们经常会认为,如果成长,或者说,好的变化会带来幸福,那么幸福了,我们的关系就会更稳定。这个逻辑是对的吗?未必。举一个通俗的例子,对于一个喜欢吃肉的人来说,如果桌子上有一份红烧肉,那么我们是幸福的,而且我们和这盘红烧肉的关系是稳定的。我们一定会吃它,而且这一顿饭都专心地吃它。但是,假如,吃着吃着,又上来一盘回锅肉,也是你爱吃的。那么,事情会发生一些变化。你仍然很幸福,甚至比刚才还幸福。

但是,你和红烧肉的关系呢,是不是还那么稳定呢?事实是,已经不稳定了,因为你有了别的选择。

所以,我们会发现,关系的稳定取决于什么?不是满意度和幸福感,而是依赖程度。当你的桌子上只有红烧肉的时候,它是你的唯一,是不可替代的,你是依赖它的,所以关系稳定。当回锅肉出现的时候,你就有替代选择了。在没有红烧肉的情况下,这顿饭你也可以吃的不错。所以,你和红烧肉的关系,和回锅肉的关系,都不是稳定的,都是可替代的。

那么,婚姻也一样。《亲密关系》中根据幸福和稳定两个维度,亲密关系被分为四种:幸福而稳定的;不幸福但稳定的;幸福但不稳定的;不幸福也不稳定的。

可见,幸福和稳定的决定因素是不一样的,也没有必然联系。也就是说,婚姻的满意度和幸福感,不是婚姻稳定的充分条件。婚姻的稳定,取决于有没有别的选择,你对这段关系的依赖程度到底有多高。

所以,我们经常会说,以前的婚姻很稳定、很羡慕。但是你要知道,那种婚姻的稳定,不是因为婚姻幸福,而是——没得选。想想古代的那些女性,从娘家嫁出去之后,就是别人家的人了,没有退路了。如果被丈夫休掉,命运是很悲惨的。

当然,对于男人来讲也是。那个时代男人对女人的依赖程度也是很高的,生孩子养孩子,离了女人都不行。因为,那时候大家单独生存都是问题,必须结合在一起,才能解决面临的所有问题。

但现在不一样了。时代的发展,让人类的个体都成长了,不管是男人还是女人。首先,生存能力强了,你只要能赚钱,其他都不是问题；其次，生儿育女在某些文化里，也不是必需的了，或者说，生完孩子后离婚的人也越来越多，因为很多人有单独抚养孩子的能力。

当你变强了，也就不再那么依赖关系了

曾读过一篇文章《单身社会来了》，里面的多种数据和现象都显示，单身社会正在来临。比如，在20个世纪50年代的美国，有22%的人单身生活。但是到今天，已经有超过一半的美国人正处于单身。那么，这个数字在欧洲的比例也不低。在亚洲的日本，这样的情况也非常严重。在中国，这个数字也在迅速增长。可以说，对于很多人来讲，从物质到精神，单身生活已经具备条件，一个人也可以过得很好，也可以满足自己必需的各种需求。这些人认为，相比于糟糕的婚姻，单身更加安全，痛苦更少。

那么，这是什么造成的？可以说就是因为时代的发展，让个体更强大。所以，个体有能力摆脱那个能提供给我们好处，但也给我们带来很多痛苦的婚姻生活。

一旦，婚姻里好的东西不通过婚姻也能得到，而且还可以避开那些我们不想要的痛苦。那么，很多人选择摆脱这种关系，便在情理之中了。

那么，成长，对于婚姻，到底意味着什么？

好像，有的时候会让我们的婚姻更稳定。比如，两个人一起努力，日子变得更好的话，两个人的感情也会更牢固。

好像，有的时候因为成长，我们不再是过去的我们，过去的关系不再适应新的我们，我们不得不告别一段关系。

婚姻稳定和个人幸福,我们到底为何而努力?

当我们知道,成长并不意味着稳定。那么,我们就会重新思考,我们成长和努力的目标和意义,我们会思考一个问题:我们究竟为何成长?

常见的伴侣成长状态与成长目标

在成长状态方面,通常存在四种婚姻状态。

第一类,夫妻都不成长。

一对原来相对还般配的夫妻,都没什么进取心,所以对于家庭,对于对方的要求和期待,也没有太多变化。这种情况下,其实婚姻还算稳定。这一类其实也分两种情况,一种是双方对婚姻的满意度还可以,属于知足常乐的一种状态。如果两个人的起点都还可以,基础都还不错,那么,在外人看来,也是一种不错的生活状态。比如,在一些小城市,夫妻两个人都是机关单位的人或者老师这种稳定的职业。他们有固定的社交圈子,业务能力也不太需要提高。当然,时间久了在社会上,这类人不会是走在时代潮流前面的人,甚至会慢慢和社会有一些脱节。如果生活有保障还可以,如果保障不给力的话,可能会陷入危机。

还有一种夫妻都不成长的情况,就不如上面提到的这类了。他们对生活并不满意,但是都是能力比较弱、胆子比较小的人,对于婚姻的依赖程度很高。除了眼前这个伴侣,也找不到更好的。所以,他们可能会互相抱怨,对生活充满了牢骚。但是,他们婚姻的稳定性并不会受到什么影响。贫贱夫妻百事哀,但是,谁也不会说拜拜。

如果你原来就属于这种在之前夫妻都不成长的家庭,你现在突然对成长感兴趣了,要做一个选择的话。要不要成长呢?如果你非常渴望更好的生活水平,或者,觉得必须要紧跟时代,那么,你就需要成长。但是,你必须要意识到的问题是,你的伴侣是不是和你一样愿意成长。如果,你是单方面的,那么,就存在一定风险。你们稳定的关系,会发生一些变化。这些变化也许是好的,但也可能是不利于婚姻稳定的。

比如,之前夫妻两个人收入差不多,见识也差不多。你成长之后,观念更新了很多,收入也有更好的前景。那么,你会希望另外一半也要进步。你对家庭的期待更高了,制定了新的目标,但是,另外一半不愿意配合,那么矛盾就来了。不愿意成长的那一方,心理也会产生一些压力。他觉得自己还是原来的自己,现在却不能令你满意了,变得身上有很多缺点和不足了,他的感受是不好的。这个时候,他会提出,我们原来不是过的好好的吗,你现在非要折腾干什么?

所以,当你决定努力提升自己的时候,要经常和伴侣保持对家庭目标的沟通,对相互的要求要保持一个统一的认识,以实现共同进步,否则婚姻关系可能不平衡、不稳定。

第二类,婚后丈夫保持成长,妻子停止发展。
这种就是电视剧《我的前半生》一开始,陈俊生和罗子君的状态。

　　不管出于什么原因,老公心疼妻子也好,或者家庭需要也好,妻子放弃了自身的事业,做了全职太太,或者说找了一个混日子、没有发展空间的工作,就容易出现这种状态。如果丈夫的发展非常顺利,经济收入、社会地位变化比较大,那么,这种婚姻的状态显然是不稳定的。在我们中国古代,有一个著名的忘恩负义、抛妻弃子的反面人物——陈世美,他就属于这一类情况。

　　在陈世美考中状元之前,夫妻两个的关系是稳定的。他们彼此需要,相互支持。这时候,秦香莲付出的更多而陈世美心怀感恩。但是,考中状元之后,陈世美的社会地位发生了巨大变化,甚至可以被招为驸马。从道德层面讲,陈世美当然应该被唾弃,但是从客观上讲,此时的陈世美在人生目标上、在精神世界里,的确和秦香莲的关系并不匹配了。所以,他才会产生破坏关系的动机。

　　现实生活中,虽然没有这么极端的例子。但是,所谓的"男人有钱就变坏"的故事,却很常见。很多夫妻都是白手起家,让自己的生活上了一个大台阶,变得有钱了。但是在这个过程中,往往是女人为家庭付出很多。但是,她干的都是体力活儿,都是对自身能力和价值提升不大的活儿。而丈夫,却因为更多地在外边打拼,生存能力提升很多,社交生活的面也比较宽。

　　随着经济水平的提高,这时候男人会有更多的需求,会偏离为改善家庭整体水平而奋斗的目标。这时候,关系就容易出现问题。那么,对于这一类情况妻子的成长势在必行。妻子要减少自己在家庭烦琐事务中的投入,积极提升自身的经济能力和社会资源的积累,改变思维,刷新思想,让自己具备一定的生存能力,也有应对各种变化的思想准备。

第三类,老公停止成长,妻子保持了自己的发展。

其实人到中年之后,很多男人都会遇到事业的瓶颈。有的时候到了一个天花板,再怎么努力,也就那样了。同时,在家庭管理方面、在头脑刷新方面,男人也非常不求上进。而女性,有时候在接受一些新观念的时候却比较主动。

我认识一对夫妻,丈夫是房地产销售主管,妻子是一个幼儿园的执行园长。如果你接触过幼儿园的园长和老师们,你会知道,这个群体外出培训的频率非常高。我们要说的这位园长就经常参加一些培训,在这个过程中,她个人对教育,对心理学,有了比较多的学习。

尤其是在幼儿园开了家长学堂之后,她开始认识到家庭环境对于孩子成长的重要影响。于是,她开始强势地改造自己的家庭。对于以前的教育孩子的方法,开始看哪都不对,对于老公、对于婆婆不断提出了新的要求。因为她工作比较忙,照顾孩子多数是由婆婆在做。然后,这位园长开始强烈要求丈夫和她一起外出学习、一起学习、一起进步。

但老公认为,之前的生活挺好的。就因为妻子所谓的成长之后,开始在家里制造矛盾。并且,因为妻子所谓的学习和成长,自己对孩子的照顾和陪伴却很少。丈夫认为,这只是唱高调,这种成长是不负责任的。最终的结果是，妻子对丈夫怀有强烈的不满，夫妻关系处于危机阶段。

这位妻子的成长，在经济收入方面，暂时并没有特别的体现。但是，她接触了太多新理念和新的生活方式，在外出培训的时候，接触了全国各地的同行。她开始对自己原来的生活状态不满意，也包括原来的家庭状况。甚至，她也许对丈夫这个人，也已经产生了不满。或者说，以前能接受，现在已经不太接受这个人了，但也不好直接换人，只能要求对方改变。

那么，在这一类关系中，应该是男人做出一些成长的。当然，我们上面说到的园长自身的心态也有些问题。她所谓的成长，有一部分是自以为是的成长。至少，她还没到十分成熟的境界。所以，她才会让自己的成长，让家人感到不舒服，甚至拒绝。

最后一种情况，就是夫妻都成长。或者说，夫妻的人生状态，都在积极的变化中。但这种状态，对于婚姻而言，也许是好事，也许不是。

这要看夫妻的成长对于家庭有怎样的意义。如果都是个人能力方面的，他们的成长都给各自带来了更多自己的追求，个人的新目标，而且也有更多的生活选择、更大的自由。但是，对于家庭共同的部分，两个人都设计的比较少，参与的比较少。那么，也可能让婚姻瓦解。

比如，两个人都能接触到更优秀的异性的话，而且谁也不依赖对方，那么这段关系破裂的机会很大。我们经常会看到，明星夫妻婚姻出现问题的概率很高,就是因为他们在经济上对彼此都不太依赖,而且平时工作忙,相处的时间也少。相互依赖不多,就容易破裂。

所以,这类关系中的两个人,如果都还强烈希望家庭稳定,一定需要把成长方向偏向家庭经营一些。比如,大家都参与孩子的教育,都在这方面多一些提升;一起研究共同财产的升值,制定更高的家庭发展目标。

那么,通过上面对各种状态里的不同角色的大概分析,我们知道,成长有主动的,有被动的。

有的会帮助我们稳定关系,有的则会带来一些风险。

现在我们一起把里面要成长的人,按类别摘出来。那些正在思考成长话题的女性,可以参考一下,自己属于哪一种情况。

四种不同的成长的目标

第一种:为自己的幸福感而成长。

其实这类成长动机最单纯,就是天生上进,为了自己更好、更强,为了体验更好的人生而努力。至于这种成长对家庭会是什么影响,当事人并不是没有考虑到。这是一种非常自然而主动的成长。

第二种:为稳固婚姻而成长。

这一类属于被动的成长。另一半在婚姻中属于弱势的一方,发现婚姻出现了危机。自己的停滞发展,已经影响到了关系。也许伴侣对自己已经心生不满,只不过是因为其他一些因素,才没有终止关系。这个时候,为了让婚姻维持下去,自己不得不放下懒惰和固执,去寻求改变。

第三种：为了家庭更美好共同成长。

这一类属于关系比较和谐的伴侣之间的共同成长。他们有一个对家庭的共同的终极目标，然后根据这个家庭目标，制定自己个人的成长目标。随着两个人的努力，让家庭变得越来越好。

第四种：为了摆脱婚姻而成长。

这种情况其实在我们的咨询中特别多。很多丈夫的确已经是烂泥扶不上墙，家暴，或者习惯性出轨，或者其他方面的斑斑劣迹，都已经让我们的当事人无法忍受。但是——目前也确实无力走出婚姻，因为自己能力不够。那么，为了能尽快走出不幸的婚姻，开始提升自己的生存能力，摆脱对家庭的依赖。

这四种目标里，你是哪一种呢？

我希望，大家都处于第三种情况，都是在和伴侣一起，为了家庭的更加美好，而一起努力。

这种成长，是积极的，主动的，不是被迫的。

同时，这种成长给家庭带来的变化，给伴侣关系带来的变化，也是好的，是没有风险的。

不管属于哪一种，既然我们要成长。那我们总得知道，我们到底要长什么吧。

接下来，我们就一起来进行我们今天课程的最后一部分：婚姻内的女人，到底长什么？

真正的女性独立,是为了更好地与男人合作

上帝造人的时候,绝对没想让男人和女人各玩各的。老爷子的愿望是把男人和女人捆在一起,谁也离不开谁。但随着时间的推移、人类的进化,有越来越多的男女正在试图摆脱对异性的依赖,离婚越来越家常,不婚越来越流行。

老爷子的本意,男人和女人在一起,要分工,要合作。所以这么多年来,无论是母系社会、父系社会,还是现代社会,多数时间,男人和女人还是有良好的分工合作的。比如在之前的时代,男人和女人的功能虽有重叠和交叉,但基本上男人的首要分工是赚钱,其次是顾家;而女人的首要功能是顾家,其次是赚钱。但现在,事情有了些变化。

"怨妇"的诞生与独立运动

在上一个时代,男人掌握了太多的资源,女人不自觉地成了弱势群体。所以,一种叫"怨妇"的物种被大批量地造出来。怨妇最初也是男人眼里的"小甜甜",但随着岁月的流逝,生理方面魅力日损,另外原有的家庭分工随着时代发展地位越来越不重要,女性终于失去了主动权。

不平则鸣,终于有一部分同样受过高等教育的女性揭竿而起,轰轰烈烈的女性独立运动便拉开了帷幕。在眼下这个时代,越来越多的女人扔掉了锅碗瓢盆,扔掉了奶瓶尿垫,打好粉底,抹上口红,冲出厨房,挤进地铁,杀入了写字楼,开始了独立的新生活——不但要工作,

而且也把工作排在了家庭前面。

当然，只是一部分女人做到了这些，还有更多的女人已经丧失了勇气，丧失了独立的经济能力，所以仍然待在后方；当然，也有很多女人即使自己赚钱了，回家卸妆后依然要拖着疲惫的身躯，再捡起锅碗瓢盆。所以，"怨妇"这种动物，并没有绝种，而且大有增多之势。而男人却因为其他女人的"出巢"，获得了更多与其他女性接触的机会。于是，出轨当道，小三横行。当然，也有怨妇的哀鸿遍野。

独立是不是怨妇真正需要的药？

很多"怨妇"受伤之后自己又调节不过来，不得不接受心理的疗愈。这时候，我们通常会鼓励女性——你要独立！似乎，只要独立了，一切问题都解决了。

作为咨询师，我丝毫不怀疑，女性独立意识的崛起是社会的巨大进步，这可以让女性拥有自己的精彩人生，而不再是家庭和男人的附庸。但若要问，这种崛起本身对于家庭稳定性的影响到底是正面还是负面的，我却比较迟疑。假如有一位来访者本意只是想有一个更加稳固的家庭，我们却不加区分地告诉她：你要独立，独立就有一切！最终，她可能真的就"独立"于世间了——而这并不是她想要的。

所以，我们要明确的是：的确有一部分女性想独立，体验像男人一样征服世界的快乐；但也有一部分女性追求的是家庭更加幸福。那么对于后者，我们对她说"要独立"的时候，是不是足够慎重？

所谓独立，有时是无奈的"向分而合"

"你必须先独立起来，做好自己，这样才会对异性更有吸引力，对你的丈夫也更有吸引力，那时候，丈夫自然就回到你身边了。"这是咨询师们常用的说辞。这句话看起来在逻辑上没有问题,但本质上呢,是给女性提供了一种被动防御策略:用能力上的独立,换取选择上的主动。就像在菜市场买菜时面对卖菜的一样,我可以不买你的,我有其他选择,所以,要不要对我好些,你看着办。

有一种求生姿态,叫作"向死而生",而上面提到的这种婚姻姿态,也正是这种原理,可以说叫"向分而合",是一种以守为攻的策略。在某些时候,它是好用的,但说实话也很无奈,是没有办法的办法。

因为,我觉得传统婚姻精神的核心,从来都不是要两个人平均、独立,而是互补、契合。就像一个螺丝帽和一个螺丝杆,如果匹配,可以牢固地拧在一起;而两个螺丝杆,就算个头一样,材质一样,它们在一起又能干什么呢?

新婚姻时代,男女关系有了更多可能

在男女都出来工作的家庭里,婚姻的分工越来越模糊,除了女人生孩子这件事没有被平均分配之外,赚钱、持家、消费等行为都已经被"平均"地分配了。一个新式男人,下班之后,可以每天在家里洗碗;一个新式女人,从家里出来,也可以像打了鸡血似的创业打拼。也就是说,男女两性,越来越开始做同样的事情,换言之,没有了彼此,大家确实看起来可以独立地生活了。工作各干各的,吃饭也可以各吃各的。

在这样的一个时代,男男女女们正在根据对婚姻的看法分派系和站队。有些人向往平等独立的新婚姻,这种婚姻的属性已经不是人生的必需品。所以有那么多人觉得,离婚了,好像也不会怎么样啊。还有一些人,干脆不结婚。这个数据在全世界范围内,都呈明显的上升趋势。

但同时不能否认,也还有一些人,对婚姻和家庭怀有更多的眷恋和憧憬。

建立婚姻中更好的分工与合作

这些怀念传统观家庭的人们,怀念记忆里家的味道,怀念那种烟火气和整体感。在一个叫"家"的空间里,妻子更像一个妻子,丈夫更像一个丈夫,母亲更像一个母亲,父亲更像一个父亲,他们各自做着他们该做的事。角色和分工清晰,责任和爱意满满。这些家庭里的男女也知道,时代在前进,每个人似乎自己也能活下去,但他们更愿意在这个时代寻找新的契合点,组成一个情感比重更大的新式组合,去诠释婚姻和家庭的概念。

在这样的婚姻里,男人离不开女人,女人离不开男人,而且一定要有爱的结晶——孩子,来加固和延续他们的结合。他们喜欢被彼此需要。在他们的世界里,人是"关系"的产物,干吗要把自己弄得那么独立,减少和别人的关系呢?

当然,这样的家庭也会面临一些问题,当这些家庭的女性来咨询的时候,如果你一定要告诉他们:"要独立。"她的内心可能会回你一句:"在一起。"所以,我们不能拿"独立"当作解决一切婚姻关系的万金油,而是应该顺着对方的期待,帮她寻找婚姻中更好的契合。

不管看起来多强大,我们都还需要一个家

当男人和女人都想独立的时候,"家"就走到了穷途末路。其实,人们高估了自己。较着劲的时候,谁肯示弱啊?都会叫嚣:我一个人也可以好好的!但夜深人静、面对自己的时候,谁能真正放弃一个温暖的港湾。

我们内心深处，需要一段长久的亲密关系。希望有那么一个人，见过自己的青春年华，也见过自己的中年沧桑，最终双双花甲，一起回忆前尘。如果没有这样一个人，我们就没有了一面镜子，就看不到自己人生的全貌——没人见过的事情，你怎么去确认它曾经发生过呢？

所以，独立只是重塑新型家庭的一个基础，而不是最终面目。

独立，让我们可以平等对话、认清自己、合理分工、加深合作，让男人、女人都去做自己更擅长的事情，这样的家才是一个有情感流动的家，是一个可以相互依赖、相互取暖的家。"被需要"，不就是我们人生最大的"需要"吗？

选修课——一些有趣的情感话题

隐婚男人：人前佯作单身狗，只为示人"易推倒"

小哇钟汉良的隐婚传言已被坐实，它掀起了一波关于明星隐婚的大讨论。围观者与"良民"也是打起了口水仗。虽然也被花式打脸，但总体而言，小哇所处的环境已经比当年刘天王等人宽容了很多。其实纵观明星隐婚史，当事人无非三大目的：维持演艺事业的人气，担心结婚掉粉儿；保护家人不被骚扰；经纪公司协议要求——多少都有些身不由己，所以观众越来越宽容，明星隐婚越来越被理解。而且在年轻一辈的偶像中，越来越不太需要靠隐婚来维持人气。目前只是一些老一辈的偶像，因为早年采取了这一公关策略，之后不得不一直圆谎，成为历史遗留问题。

但我们今天要说的，并不是明星的隐婚问题，而是在我们身边的那些隐婚男女。其中显然男性居多。

隐婚男人有三好：神秘、沧桑、易推倒

对于隐婚男性，不排除极少数是因为职业特点或者环境特殊，不得不隐藏自己的已婚身份。但现实中更多的一种现象是，一部分已婚男人在自己的社交圈子里，尤其是异性面前，从不主动提起自己的已婚事实，更不用说把妻子和孩子带到自己的圈子里来。当被问到婚姻状态时，也讳莫如深，或者遮遮掩掩。那么这类男人的危险性体现在哪里呢？

这样的男人一般结婚都有一段时间，年龄不会太轻。这个年纪的

男人一般沉得住气，一开始都不会过于明显和主动地去向感兴趣的异性发出信号，而是故作深沉、沧桑，让自己看起来特别有故事。这种气质对于某些相对单纯的女性来说很有杀伤力，不自主地就会贴上去，而对方还会半推半就，最后才"情不自已"地从了。所以，当已婚状态暴露时，女人已经深陷其中不能自拔了。

所以，透过现象看本质，这种男人的隐婚，其实是在为自己"诱捕"女人清场。这就像草原上的一块水草丰美的草地，男人伪装出没有女主人的假象，低矮的栅栏半遮半掩，女人会忍不住靠近看个究竟。最终你觉得这块地方还不错，忍不住要当自己的领地，男人也默许了。但当你开始对这片草地有感情的时候，可能会不经意发现，其实这块地已经有女主人了，自己不小心成了一个入侵者。

此时你就会感受到这类男人的纯熟演技。如果你真的不想当入侵者沦为"小三"，带着受伤的心想转身退出，一般他就会打出另外一张牌——婚姻不幸，他会敞开一颗伤痕累累的心给你看，告诉你自己的婚姻是怎样的一个错误，自己是怎样为了顾全大局才维持这段婚姻，自己是多么需要你的爱……一般这时候，很多女人就被自己感动了，义无反顾地做出"整片天空最美的姿态——留下来"，同时把圣母两个字贴在自己的额头上，而从别人的角度看，那两个字却是"小三"。

以路不拾遗的精神，面对隐婚男人

了解到这类动物的危险性，那么接下来就要学会识别和防范。其实识别还是很简单的，这类男人不会主动提起自己的家庭和孩子；当别人问起的时候，支吾遮掩或者顾左右而言他；同时也不关心、不评价你的婚姻恋爱状态；不会在公众场合谈论自己对婚姻的看法；不太喜欢讨论别人的情感八卦；经常故作神秘；当你对他发出示好信号时，他不承诺、不拒绝……

至于防范这类动物,其实可以参考国家对乌木、矿石、文物等"不能证明其所有权"的"无主埋藏物"的处理方式:要么别捡,要么捡了交给警察叔叔。总之,在搞清楚其所有权之前,不要有私自占有之心。凡动心者,都是容易被隐婚男俘获的高危人群。固然隐婚男的行为令人不齿,但自己对"物权"意识淡漠,甚至喜欢占小便宜的心态,也是要警醒的。

隐婚男容易得手,是因为有很多碰瓷女

那么,是不是只要能辨别隐婚男,就可以远离"被小三"的命运呢?还真不是。不是有一句老话嘛——姜太公钓鱼,愿者上钩。有一个让人不忍直视的真相是,"避开隐婚男"不是技术方面的问题,而是心态问题;或者说,有些女人根本不想避开。这些女人并不傻,并不是不能辨别已婚男的伎俩,但还是直勾勾地往陷阱里跳——拦都拦不住!见过提前二十米躺在人家汽车前碰瓷儿的吗?就是那个姿势。

所以,在这种情况下遭遇隐婚男事故,与其说是落入圈套,倒不如说是双方的一场合谋。

遭遇隐婚男时,凡是有碰瓷动作的女性,不外乎两种:

第一种,喜欢和别人抢东西,越是不属于自己的,越要抢。就像自己小时候抢兄弟姐妹们的玩具,或者其他小朋友的东西。

第二种,叛逆。社会和舆论越是不接纳的事情,我越是要做。就像我们在青春期的时候,总是要做一些父亲不允许我们做的事情。

无论哪种情况,实际上都是在我们成长经历中所养成的一种我们最习惯的姿态。要改变这种惯性姿态,需要我们通过梳理过去来打开心结,然后找到正确姿势。

毕竟,隐婚男实在不靠谱,我们要为自己的人生负责。

你只是远嫁，又不是被绑架

临睡前翻了一下朋友圈，发现很多人在转发关于"远嫁"的文章，读了一下也心有戚戚。不经意回头看到酣睡的媳妇，心里一惊——我这媳妇就是远嫁的呀！她老家浙江，跟我在北京打拼多年，后来定居山东。想到这，我躺不住了。我必须得写点什么，安慰一下远嫁的女性，以免我的媳妇醒来看到这些文章，突然收拾行李打包回娘家。

远嫁之痛，账不能都算在老公头上

时近年关，人都容易感伤。对于远嫁的女性，在这个团圆的日子，多数并不能回到自己的家乡，像小时候一样在父母身边过年，想起他们日渐苍老，想起他们形影孤单，想起他们对女儿的挂念……换了谁都不能无动于衷。

我觉得，对于这种感伤，怎么来抚慰一下都不过分。

比如，多和父母视频聊聊天，鸡毛蒜皮地多聊几次，也可以缓解一下。比如，让爸妈给寄点家乡过年吃的东西，同时也让老公给父母寄些新鲜年货。如果还不行，就干脆和丈夫商量一下，如何重新安排一下，如何轮流在两边的父母家过年的问题。或者假期里这边住几天，那边住几天。如果顺利的话，也许第二天就可以坐上高铁，"左手一只鸡，右手一只鸭，背后背着一个胖娃娃"，高高兴兴回娘家。

但唯独有一件事不宜做——把自己远嫁的各种委屈，算到老公头上,算到公婆一家的头上。甚至,隔三差五抱怨自己嫁错了,后悔了,一副全世界都欠了自己的样子。

"过得惨",不一定是因为"嫁得远"

有些远嫁的女性,如果婚姻不幸福,会尤其想回家过年。她也极有可能把婚姻的问题,归罪于"远嫁"。于是就会出现一些这样的逻辑:

如果不是离娘家远,公婆就不会这么欺负我,我娘家人会给我撑腰。

如果不是离娘家远,我就不用吃穿住行,都按他家里的规矩来。

如果不是离娘家远,我就不会这么孤单,受到排斥。

如果不是离娘家远,老公就不会有胆量出轨,他爸妈还护着他。

如果不是离娘家远,老公就不会对我不好,每天晚上不回家。

……

其实,只要你还需要嫁人,都有可能遇到这些非常普遍的婚姻问题。如果你在婚姻里过得特别"惨",这和你嫁得远和近,也许并没有太大关系。即使你嫁给隔壁的阿猫阿狗,也会出现同样的问题。只不过如果你嫁得近,非要拉你的家人和婆家在某些事情上争个高低,结果往往是夫妻两个各自和自己的原生家庭一伙儿,然后双方开战,烽火连三月。这样的案例在我们身边还少吗?

有很多婚姻,并不存在这样的问题。并不是说,这些女性是因为嫁的近,可以借娘家的力,而是人家的婚姻经营得好。在这样的家庭里,夫妻二人是小家庭真正的主人,平等相处,而和公婆之间,只是相互提供一些支持。甚至,明事理的公婆还会因为儿媳是孤身在外,而倍加呵护。毕竟,天下的父母心都是一样的。在我们身边,那些远嫁而幸福的伴侣,并不少见。另外,远嫁的确需要更强的对环境适应的能力。你需要在异乡认识更多的朋友,扎下自己的根,但这些能力,是离家三里就需要的。如果连这点能力都没有,让男人嫁到你家,也无法解决所有问题。

选择"远",也许是你受不了"近"的局限

有些人,天生是渴望远方的。我想,这是因为,当我们的活动半径变大后,我们的选择也变多了。

每到春节,有那么多的人身在远方,眺望故乡——但就是不肯放下所有,回到家乡。他们能找到各种理由,或是因为工作忙,或是因为时间短,或是因为——不敢回家。因为家乡选择少,自己并不自由。

在婚姻里也是一样啊。无论男女,如果你想在自己的家乡找一个同龄人结婚,这不是无法实现的。那为什么,你偏要找从另一个千里之外的地方出来的伴侣呢?

因为你身边选择太少。你不甘心嫁给同一个胡同或者小区里长大的那几个毛小子,他们穿开裆裤的时候,你们就已经认识,毫无爱情的感觉。你觉得,远方有更多的选择,有更广阔的人生,当然也有更传奇的爱情。

从全世界挑选我的意中人,当然要比从一个胡同里挑选意中人更值得我们追求。这就是远嫁的非凡意义。

所以,你才会走出家门,去向远方,才会遇到那个让你远嫁的人啊。

求仁得仁何所怨——如果,你现在真的怀有远嫁之恨,那你就回头再琢磨琢磨那几个和你一起长大的阿猫阿狗吧。想象一下,你和他们结婚,会是什么局面?父母倒是在跟前了,倒是可以一顿晚饭两家串着吃了。但是,你真能接受吗?

还有些远嫁,本身就是想逃离

这世间,究竟有多少子女和父母情感割裂?比例一定比我们想象的大。看看那些过年不回家的年轻人就知道了。

有一个离异不久的女士来做咨询。临近年底,她突然特别想念前夫。因为去年,她曾经去丈夫的老家过年了。在那里,她被公婆奉为上宾,男友的弟弟妹妹见到她也非常亲近。在那里,她感受到之前没有体验过的过年的温暖。

而今年,她不知道去哪里过年。因为自己的家,实在不想回。她有一个冷漠的父亲,虽然每年她往家里寄很多钱,帮着家里盖房子。但是,和父亲吵架之后,父亲仍然告诉她:"这个家不是你的,是你弟弟的。不喜欢,以后就别回来。"

如果有一个地方,能给我们提供最多的温暖,那这个地方一定是家。

如果有一个地方,能伤我们最深,那么这个地方也一定是家。

如今这个世界,对女性的确还不够公平,不是所有的女性,都是自己原生家庭里的宝贝。在很多家庭,甚至不能接受在婆家受了委屈的女儿回家疗伤。

总之,在很多子女和父母之间,是有情感隔阂的。而相当多的女性,在选择远嫁时,往往是潜意识里的决定——我想离这个家远一些,我不想太容易地就回来。因为,这个家曾经给她很多伤害。她们渴望,自己的伴侣能给自己一个温暖的家——最好是远远的。

回不去的,何止是远嫁的人

对于那些后悔远嫁的女性,要知道,你只是远嫁,不是被绑架,也不是被拐卖的。

作为成年人,我们应该意识到,婚姻是自己选择的。我们当年的选择,一定发自我们的内心。

如今,如果你"嫁"出了问题,那需要解决的是婚姻的问题。如果是"远"的问题,那就要看看,是现实的"远",还是你和父母之间心灵的"远"。

这个时代,现实之远,渐渐地已经不再是问题了。互联网、手机,早就让我们告别了"家书抵万金"的时代,思念和牵挂之情早就可以随时表达;高铁、飞机是如此的方便,把距离缩短了数倍。只要有心,只要你的婚姻没什么大问题,没有人能阻止你见到自己的父母。能阻止你的,只有你心里的近乡情怯,以及与父母之间的心结。

别把生活中的不如意和委屈,简单地归结于远嫁。这样做,伤害的是婚姻,被无视的却是真正的问题。

当然,如果你是一个远嫁妻子的丈夫,那么,的确要拿出更多的爱给妻子,让她无悔当年的选择。

最后,回过头来看,那些关于"远嫁"的文章,又何以如此地击中人心呢?无非就是一种"回不去"的感觉。然而,回不去的,何止是远嫁的人。

我们每个人都有自己回不去的地方。空间的距离是一方面,而时代的变迁、我们的成长,又何尝不是重要的因素。于是,很多人就尴尬地生活在"到不了远方,回不去故乡"的境地。即便是那些一直在故乡的人,或者回到故乡的人,照样找不到旧时的生活片段。毕竟物是人非,时过境迁,父母年迈,而自己则理想未酬,颇多不如意。于是,那个温暖的过去,爱意满满的时刻,再也无法抵达——这些人生痛处,又岂是远嫁二字所能承担。

当硅胶娃娃越来越懂你,我们还需要人类伴侣吗?

很多年以后,当女人面对一个带着微笑的硅胶娃娃的时候,才意识到:这种东西并不只是一个任人揉捏的材料,而是自己的竞争对手。

硅胶曾经只是一种工业原料。后来,不知怎么的,竟然开始成为女人的替代品。一开始是在局部,被注入某些女性的胸前,于是,这个被替代的部位对男人的吸引力更强了。再后来,硅胶不安于做女人的一部分,而是自成一体,修炼成人形,取代了前辈充气娃娃,力图和女人争夺男人。

在我们一衣带水的邻居岛国,有很多浪漫的故事,也有很多变态的故事。今天,我给大家讲一个既"浪漫"又"变态"的与硅胶娃娃有关的故事。

有 Mayu 的地方,就是天堂

日本的尾崎大叔是一名理疗师,他和 45 岁的妻子以及女儿生活在一起。但最近,这个家庭的男主人公出轨了,把小三带回了家。不过,这位小三只是一个硅胶娃娃——Mayu。原配当然声嘶力竭地反对,感觉受到了侮辱。但是,大叔遇到了真爱,而真爱无敌。原配除了忍受,并没有别的办法。

大叔和硅胶小三过着浪漫的生活。

他们是一见钟情，那天大叔路过一个展会现场，目光被橱窗内的 Mayu 给吸引了，他看得入了迷。他对人说："我完全爱上了 Mayu。"

然后他就冲破各种阻力将其带回了家，妻子的责骂，女儿的错愕尴尬，别人的异样目光，都不算啥。以往歌颂的爱情里常见的阻力因素，基本都有。

大叔会亲手给 Mayu 换装、打扮、搭配首饰，我估计也有描眉的浪漫桥段吧。他还会带 Mayu 出去游玩、散心。

Mayu 不能自己走路，没关系，加个轮椅。当大叔推着 Mayu 走在洒满落日余晖的桥边，那诗意的风景直追那些浪漫的日本电影。

尾崎大叔说，自己死后要和 Mayu 合葬在一起。有 Mayu 的地方，就是天堂……

女人未来的对手，不仅仅是女人

若是输给年轻漂亮的姑娘，原配可以谴责男人是看脸看胸的低级动物，自己只是败给了岁月。

若是输给了《我的前半生》里凌玲那种心机少妇，原配可以骂男人的愚蠢，自己只是输在了太善良和单纯。

但是，这位原配，最终也无法理解，自己为啥输给了一团硅胶——

她不会聊天，不能动，没有喜怒哀乐，不会做饭洗衣，不会照顾孩子，不会打理家庭……她有供男人释放的功能，但不会叫床啊——或者有，这功能也很假，也没有互动啊……丈夫怎么就会不顾自己的感受，非要和她守在一起呢？虽然自己还是名义上的妻子，但显然，在相当多的地方，她取代了自己的位置。

还好,这样的男人,是极少数。爱上一个硅胶娃娃,多少有些惊世骇俗,一般的男人不会做这样的事情,这听起来太过荒诞和变态。但是,如果有一天,当文化环境对这样的事情见怪不怪了呢?你能保证,自己的老公不会抱回来一个吗?

不管怎么说,从极端的事例中,我们已经隐隐看到,在以后,男人的出轨对象,也许不只有人类。不管是从性的方面,还是在情感的方面。

早在 2007 年,英国人工智能专家李维就曾在《跟机器人恋爱,跟机器人做爱》一书中预测,最晚 2050 年,人类会把机器人当成恋人、性伴侣,甚至婚姻配偶,而且将成为社会常态。"爱上机器人和爱上其他人类一样正常,性爱频率和姿势随心所欲。"但现在看来,他的预测还是保守了。近日,英国《每日邮报》报道,科学家预测在未来 10 年里,性爱机器人会愈加普遍并更具人性化。

在科幻电影《her》里,离婚的男主角西奥多爱上了虚拟的人工智能系统萨曼莎,她并没有实体,但拥有迷人的声线(斯嘉丽的配音,她仅仅凭借声音就拿到了"最佳女主角"的大奖),温柔体贴而又幽默风趣。他们如此地投缘,最终发展成为一段不被世俗理解的奇异爱情……随着科技的发展,这类人工智能的对手将会进入人类的生活。当然,科幻毕竟是科幻,机器是否能产生感情还是未知。但是,这重要吗?充气娃娃和硅胶娃娃显然是不会对人有感情的,但这并不妨碍人对它产生感情。

很多被弃的女人,并非看起来那么无辜

虽然我们说了这么多关于硅胶娃娃和性爱机器人,但我们这篇文章的目的,并不是要让大家迎接一个男人放弃女人、女人放弃男人的时代。

我们今天要解决的问题是:男人和女人之间,到底出了什么问题?以至于少数的男人宁愿选择一个硅胶娃娃,也不愿意接受自己同甘共苦的发妻?

当在现实中,男人出轨其他异性的时候,我们都会去指责男人的背叛。但是,一句"男人都是负心薄幸"这样的狠话,真的能解释这一切吗?

尾崎大叔说:"日本的大多数女性既冷淡又自私,她们只在乎自己,根本不考虑丈夫的感受。""与人相处真的是太累了。""Mayu 就是那个最合适的人,她不会提各种要求,只在那里静静地聆听,每次和 Mayu 在一起,我都觉得十分安心。"

和尾崎大叔有同样爱好的另外一位大叔也说:"跟女人交往实在是太累了,她们总是想从自己身上得到点什么,不是要钱就是要承诺……""每次见到娃娃,自己的一切烦恼都烟消云散了。"

也许,这些大叔所遇到的女人都是个别。但是,谁能保证,她们身上没有很多女人的通病呢?

比如,以沟通的名义,实施情绪的暴力。女人经常批评男人像鸵鸟一样回避问题,拒绝沟通,拒绝解决问题,却没有看到自己所谓沟通的样子,那不是沟通,那只是抱怨、牢骚和指责。有时甚至男人一开口

就被怼回去了。真正的沟通,并非单向表达自己的感受和情绪,达到自己的目的,而是先要了解对方的感受和需求。如果你对男人的感受和需求毫无概念,那么,你也无法接受对方那些看起来莫名其妙的说辞。所以,要沟通,首先学会聆听,就像硅胶娃娃一样。有时,你只是听就够了,都不需要说,男人就可以对你足够好,他会主动考虑你的需求。

比如,以爱的名义伪装恐惧,控制和影响男人。在一段出现问题的婚姻中,女人一般认为自己绝不放弃,也不允许对方放弃,都是因为爱。但实际上,让女人离不开婚姻的,不只有爱,还有——怕。对婚姻的依赖,对离开婚姻的恐惧,让女人拼命地抓着婚姻。正如日本大叔所说,"不是要钱就是要承诺",这都是因为怕。但妻子们不承认自己的怕,只说是在乎感情,这样就对比出了男人的薄情。所以,你会看到一群女人聚在一起声讨男人的负心薄幸,却很少看到一群男人一起谈论女人怎样。

是时候,向硅胶娃娃取长补短

不论男人还是女人,走进婚姻后,都要面对婚姻带来的奖赏和代价。最重要的奖赏是生产居家方面的相互配合,一起生儿育女,彼此提供陪伴和性爱,彼此提供情感支持等等……但是,同时也会有很多代价,比如失去一些自由,忍受相互的缺点,为对方的负面情绪消耗能量等等。

一个女人,在婚姻里为丈夫提供奖赏的可能,是远远多于一个硅胶娃娃的。但是,女人有这种功能,却未必都被开发了,给予对方了。

另外一面,很多女人在婚姻里需要男人付出的代价,也是多于硅胶娃娃的。所以,在妻子和硅胶娃娃的 PK 中,妻子给予的奖赏与硅胶娃娃给予的奖赏,对比结果不一定。但代价的对比,却很显然。男人的所得 = 奖赏 − 代价。所得出的数值,可能是正的,也可能是负的。

所以,妻子若想翻盘,需要让男人在婚姻里感受到更多的奖赏和更少的代价。要想减少丈夫的代价,就需要放下恐惧和焦虑,太多的怕,会让女人有很多失控的行为,这会成为男人痛苦的根源。

是时候,看看硅胶娃娃的优点了,她们不仅越来越漂亮,更重要的是——善于聆听,不怕背弃。人类的优势,是能够学习和调整自己,不管男人女人,只要能够调整自己的内心,就能在婚姻中得到更多的奖赏、更少的代价。

所以,只要肯努力,硅胶娃娃和机器娃娃永远都无法占领人类的双人床。毕竟,她们也都不便宜。

如何让男人觉得自己楚楚可怜？

这是一个有点儿高级的好问题

大晚上，突然有一个女性朋友，发来求救的微信，问了一个非常深奥的问题："女人怎么才能给人楚楚可怜的感觉？"

我说："首先——你得改个名字叫楚楚呀。"

"哎呀，别闹，我老公就知道赚钱，在外地总懒得回来。有别的朋友说，你得给老公一种楚楚可怜的感觉，他就回来了。"

我突然觉得，这个朋友很聪明。她没有去直接指责丈夫（或许是指责过了，发现没用），也没有去直接表达"我想你多回家看我"（或许说过了，对方没感觉），而是在追求一种更含蓄、也更高级的方式去实现这个目标。

我沉吟了一会儿，说："你一会儿试着给他讲讲下面的这样一个小故事吧。"

一个孤单少妇的惊魂遛弯儿夜

晚饭吃得晚了些，看了下手环，还没走够一万步，于是我出门了。走在小区后边的马路上，人已经很少。路灯拉长我的影子，在那昏黄的地面上。

突然，路边草丛里冲出一个黑影，停在我面前。我顿时僵在那里，身上的汗毛顿时都竖了起来。

——貌似是一只流浪狗。

我们俩都怔怔地待在那里，开始了对峙，时间像凝固了一样。远古祖先留给我的智慧告诉我，我有两个选择：战，或者——逃。

战？我身上只有一个手机做武器，但并不是诺基亚。

逃？以我的速度，它让我 100 米，依然可以稳赢我。

我听着自己的心跳，就在那里和它僵持。直到我从它的眼里，看到了——孤单。

哦。原来，它不是要袭击我，只是它想找个人，给它一点关注和温暖。

当我还想好好地跟她讲一下，这个小故事所用到的修辞手法和文字调性的时候，她已经在微信上再没动静，估计去实践了。果然，半小时后，她发来捷报："老公周末就回来。"

要不到关爱的时候，要反思自己的方式

无论当下得到的关注与爱是多还是少，多数女性还是会觉得，好像还不够多，还是差了一些，有一种永远还不够饱的感觉。这个时候，如何索要关注和爱，就成了一项日常。

常见的方式无非三种：

（1）境界最低的是指责。明明心里觉得丈夫对自己的关注太少了，冷落自己太久了，想告诉对方自己缺关爱，但由于自己的内心充满了防御，担心自己像乞讨，也怕被拒绝。所以，出口就成了："你就知道自己快活,心里还有这个家吗?"当丈夫们听到这种批判和教育时,会下意识地像犯错的孩子,只想给自己找个合适的借口,完全意识不到是妻子缺爱了。

(2)中等境界的是直接表达。这种直接的表达,算是言行一致的范本,也是让很多指责型的妻子们去学习和实践的。妻子们只要学会这样简单的句式就可以了:"当你挺长时间没回来,也没有给我打电话的时候,我会觉得有些孤单,我希望能得到更多的关心。"这种表达的要点是只谈论自己的感受,只用第一人称,而且要就是论事,切忌前后联系,上纲上线,使用一些诸如"你总是……""你一直……"这些词语,更忌讳对对方有所猜测和评价,诸如"你一定是不爱我了"等。

(3)最高级的境界就是开头这种楚楚可怜模式。妻子通过像对方描述一个画面,让对方油然而生一种要保护妻子、关爱妻子的欲望。这种方式和第二种方式的区别在于,这种富有画面感的表达直接勾起了对方的情绪,继而可以导致关爱的行为。而第二种则是用理性的言语,告诉对方自己缺少关注了,对方首先要想象你在缺少关爱的时候,是什么样的画面,然后再激起情绪,才能由衷地想关爱你。如果对方缺少想象力,或者觉得,你就是口头上要关爱,其实只是找茬,并非真的柔弱真的需要关心,那么,这种表达可能达不到效果。所以,给人楚楚可怜的画面感,直接激起男人的情绪,是最高级的索爱方式。

一点距离感,一点努力感

我们经常看到,很多被出轨的妻子,淋漓尽致地践行着第一种模式,并且丝毫不觉得有什么不妥。而这时候,第三者们则在启用第三种模式,也就是最让原配们痛恨的"装可怜、装柔弱"。

第三者,擅长此道,是因为第三者在一开始接触有妇之夫的时候,是不能用第二种方式去和别人家的男人索要关爱的。所以,她们可以用第三种方式,给男人们"平淡"地讲述一个自己一个人面对生活的故事,这个故事里的主人公总会让人看到她带着一些孤单,让人觉得她身边缺少一个男人。这就激起了男人的代入感,身不由己地就进入了那个角色。想一想《西西里的美丽传说》里的女主人公,丈夫从军在外,每当她一个人孤单穿过可可西里的街道,所有的男人都觉得自己应该挽着她的手,走在她身边,给她温暖,给她支持。

然而,很多时候,第三者们即使成功"上位",也很难一直保持这种模式,而是采用更简单粗暴的前两种模式,从而让男人感受到了压力。

所以,妻子们要一直保持第三种状态,也就是保持一种心态:一点距离感,我需要你,但不强求你;一种努力感,不是简单直接,而是制造些情趣,表达自己的需要。比如,当丈夫晚归的时候,放下怀疑和指责,也不要直接说,"我想你回家",而是简单地发个短信——饭在锅里,我在床上。

别因为错过了潜力股,而自戳双眼

对于一些阅男无数的单身女青年来讲,最难接受的事情之一,便是在每逢深夜倍思春的夜晚,忽然听说当年某个被自己pass掉的嘴上无毛的小子,如今发达了!身价陡增不说,而且一群认识不认识的女人都一厢情愿、毫无自尊地纷纷喊"老公"。再看人家现在的照片,鼻子还是那个鼻子,眼还是那个眼,但怎么看都低调奢华有内涵,完全是一副人生赢家的面相,丝毫没了当年的屌丝气,更是恨不得自戳双眼。

三年河西,媒体笔下集体灭灯后的逆袭

曾经在一个相亲节目上,有一个叫陈景扬的小伙子,当时流传在各媒体的娱乐版,也流传在金融或财经版。被媒体刻意渲染过的这个故事是这样的:

"一位在相亲节目上被女嘉宾灭灯的男士,现在已经是香港金融圈里的"财经许志安",手里掌管资金至少数十亿港元,而且他管理的公司还手握万科H股11.54%的股权,是万科H股的第一大股东。"媒体还在陈景扬的社交平台上,复制了这样的自我描述:"一位爱炒股票的前财经记者,赚了些许银两,在中环开了家个人投资旗舰店,曾在过亿收视率的节目中献丑……"

"数十亿""万科""第一大股东"……媒体憋着坏地精心遣词造

句,把最能刺激人的词语全都用上了。然后就坐等那些错过了这潜力股的女人痛哭流涕,把肠子悔青。

镜头回放:潜力男被忽视也并不冤枉

虽然很多人不喜欢非诚舞台上的女嘉宾,但如果凭自己的想象,就简单粗暴地认为:当时的那些女嘉宾现在肯定都后悔死了——还是把女人看得太过简单了。换言之,一个小伙子事业成功了,有钱了,并不能改变所有的事情,也不会让本来不想嫁他的女人都改了主意。当年灭他灯的那些人,也未必就是因为他不够富有。

我们不妨来回顾一下,陈景扬当年是怎样被集体灭灯的。刚一出场,景扬虽然长得略显青涩,但气质还算沉稳、靠谱,一点都不张扬,所以刚开始24盏灯都没有灭。可以说,他的长相气质还是被大多数女嘉宾接受了,至少先观望一下。接下来的第一条片子,景扬介绍了两件事:一个是自己的职业——财经作家,另外一个是自己的爱好——美食。他的工作没有引起任何女嘉宾的关注,被关注的是普通话。到这时候,台上依然亮着22盏灯。

但从第三条片子之后,问题开始出现了。在关于女友老是让人哄的问题上,他表示自己是有底线的。这个观点也得到了乐嘉、黄菡和主持人孟非的一致共鸣。这个时候女嘉宾们虽然没人跳出来强烈反对,但台上的灯已经只剩了14盏。

第四条片子里,景扬朋友说到了几点,其中有两条容易引起女生的不满和警觉,一个是工作忙,经常飞来飞去;另外一个就是有时太直接了。然后……然后就没有然后了。这时候,灯全灭了。

所以,现在回过头来看,没有证据表明,女嘉宾是因为他穷而灭灯的,也无关相貌。倒是对普通话和工作忙的关注,我们隐约可以看出,大家在乎的是一个香港男孩和自己现实生活的距离和他忙碌的职业状态。多数女嘉宾的灭灯，应该是在观望之后，感觉这香港男孩依然和自己的生活比较远，所以才放弃了。

那么，当突然得知当年那个香港男孩的现状，今天那些在场的女嘉宾真的会后悔吗？还是轻叹一声"果然，和自己不是一个世界的人"？另外，如果你注意了陈景扬所选的心动女生的话，你会发现，那个女孩也是香港人。

女人在意的，应该是男人身上值得相信和依靠的特质

但我们也不否认，当时多数女嘉宾还是轻看了这个男孩。那么，我们在这里讨论如何识别一个潜力股男孩，是有很大意义的。也许，下一次，你遇到的就是一个和你距离很近的陈景扬。那，你又如何保证不错过他呢？

（1）当一个男人谈论他的职业的时候，你要看到他的自我价值感。

很多男人太过专业地谈论自己职业的时候，女人都不太有兴趣，尤其是陈景扬这种"财经作家"的身份。当他津津乐道地谈自己去过多少企业的一线调研，得到了多少一手资料支持他的文章这些事情时，女嘉宾兴味索然。但其实，一个男人的立身之本，恰恰来自于他的职业。当一个男人乐于谈论他的职业，尤其是细节的时候，可以看出他对这份职业的感情，可以看到他对自己的满意，也可以看到他坚定而清晰的内心。反之，当一个男人对自己的职业从来都不愿意提，甚至遮遮掩掩，这样的男人不会太认可自己，会非常纠结，甚至会用其他的东西伪装自己。

（2）当一个男人谈论美食的时候，你能看到他对享受生活的态度。

不是所有的人，都会享受生活。比如，有的男人因为以前的生活经历，在谈论吃喝玩乐的时候，会有罪恶感。当一个男人跟你谈论美食的时候，你能发现，他对食物的尊重，对食物价值的认可，他一定不会觉得花钱吃这些东西是浪费。他也认为，吃，是人生的一大乐趣，而不是生存的任务。经常有人说，选择了一个女人，就选择了一种生活方式。其实，选男人也一样。如果你不想在你享受生活的时候，旁边有一个只是来作陪的死气沉沉的家伙的话，最好是先看清他对吃喝玩乐的态度。

（3）当一个男人很清晰自己底线的时候，你应该更有安全感。

当一个男人说的所有话都是你愿意听的，你提的所有要求不管有理无理都痛快答应的时候，你会有隐隐的不安吗？什么样的人才会没有立场地完全满足另外一个人？要么是骗子，要么是低到尘埃没有自我的人。但这两种人，显然都不是女人可以依靠的男人。一个身心健康的人，不可能没有底线，而且这个底线在他眼里，是清晰而稳定的。所以，当一个人能够在适当的时候表明自己底线的时候，如果那个底线你能接受，那么他反而是可以信任、可以依靠的。

当然，潜力股这个词，本身就很功利。当我们爱上一个人，你必须意识到自己接纳的是他的现在，也有他的将来。你不可以为了他的未来，而在眼下将就——因为你不知道那个未来是不是假象；你也不可以为了只接纳他的现在，而无视他可能的未来——因为世界是在变化的。说到底，我们要看的是一个男人身上那些值得女人相信和依靠的特质，而不是他一时的处境。

"小三"路的尽头,没有吃亏这一说

作为女性,介入别人的婚姻这件事,需要很大的勇气,因为结局真的是凶多吉少。所谓结局,最常见的有三种:第一种是成功上位且"洗白",此类成功案例少之又少,不仅需要第三者人缘足够好,而且还要靠前任足够讨人嫌;第二种是成功上位但输了舆论,此类有一定比例,但得到的祝福寥寥,将来万一有点差错必将成为别人奚落的对象;但最惨的还是第三种,上位失败,赔了夫人又折兵。

所有的感情,其实都是你情我愿

多年前,有位单身女同事和同公司的已婚男主管有了恋情。这位已婚男性其实是有前科的,也曾经跟其他女同事暧昧过,现在又找上了这女孩。但因为是同事,大家也不好多说什么。事情被男同事的妻子知道了,后来,两人分手了。女同事伤心之余也离开了公司。一段时间之后再说起此事,女同事一肚子的不甘心,觉得自己吃了亏。当然,她觉得自己有理由的:

(1)是他先跟我暧昧的。

(2)是他先提出发生实质性关系的。

(3)最后他满足了他婚外的肉体需要,我空浪费了青春。

对于这女孩儿的遭遇,其实我们是充满同情的。但对于她的不甘心,我们也是不以为然的。后来我们就问了她几个问题:在一开始的时候,人家是怎么对你说的?女孩支吾着说,他说了他不可能离婚,如果我愿意谈男朋友随时可以谈。

我们又问了第二个问题:发生实质性关系这件事,你为什么不拒绝?女孩说,我怕他不高兴,把暧昧的恋爱关系给断了。

然后,我们问了第三个问题:他身上有什么吸引了你?女孩说,他宠我。

为了想得到的,人故意无视风险

事情已经很显然。如果说两个人的这段关系是一笔交易,那么男方其实在一开始的时候,就划定了彼此的权利和义务。男方已经表示自己不可能离婚,同时也希望来访者保持自己的生活轨迹,该谈男朋友谈男朋友。也就是说,把关系定位为一段不影响彼此正常生活的"调味品"。而我们的女同事,在了解这份约定的情况下,还是接受了这段关系。作为成年人,她应该预料到了最后的结果,并且理应能接受。

但现实是,最终结果到来之时,她发现自己完全不甘心,觉得对方获得的多,而自己没得到什么。但其实并非如此,而是她没有意识到自己得到的东西。当她自认为"不得不"答应和对方发生关系的时候,是担心自己如果不答应,被宠溺的关系将无法持续。而这段关系就是她在"交易"中所得到的,尤其是其中的包容、宠溺。

我们在之前就大概知道,这位女孩和自己家庭的关系并不十分和睦,父亲是一个冷漠的人,而且在她身边的时间并不多。所以,她从小缺少父爱的宠溺。而男同事恰恰给了她一些弥补。女孩如此贪恋这种宠溺，所以她选择性地忽视了这位男同事的人品，忽视了他已婚的事实，也忽视了这段关系开始时的约定。

她并不是不知道这段感情的结局走向，也不是不知道这段感情可能不被人认可。但是，因为她自己也是这段关系的获益者，甚至可以说是同谋——因为她自己身上也存在一些不负责任的地方。所以，她选择了铤而走险。

选择了，就别说什么吃亏

这也是多数第三者的通常轨迹。当你成功瓦解了一个男人对已有家庭的承诺时，就应该意识到，这个男人已经不再是一个完全值得信任的人，如果有一天他背离了你，那至少也是他第二次做这件事，你不该感到意外。更何况，有些男人会在一开始就亮明自己的底线——哪些会给你，哪些不会给你。

所以，对于"小三"的存在，我们理解其面对不能自控的动力，甚至感叹其飞蛾扑火的悲情姿态。但是，对于有些人上位失败之后所谓的"吃亏"论调，却很难认同。因为，那些对男人真实人品的毫不知情，抑或是对当初承诺的过于天真，其实都不是真的。她们只是故意看不到罢了。

不能在一起，便用生命换你几行诗

两行清泪，换你一阕新词。我知道，在你的心里，一直有我的位置。虽然婆婆控制了你的人，但是她管不了你的心。我愿用我的命，再换你几行短诗、数载相思。只要你还活着，我就会一直活在你心里，谁也赶不走。那样，我觉得，自己也未必就输了。FR：唐婉

一条朋友圈引发的抑郁发作

宋朝时，一位姓陆的男子，在朋友圈发了一条文字，配了一个园子的图片。之后，一位姓唐的女子，在后边回复了一条。没多少日子，唐女士抑郁而终。男子发的文字有个标题，叫作《钗头凤》。没错，如你猜想，男子是陆游，女子是陆游的前妻唐婉。

其实，在生命的最后一刻，唐婉还想给陆游发一条微信，但是最终留在了草稿箱，没有发出。内容如下：

两行清泪，换你一阕新词。我知道，在你的心里，一直有我的位置。虽然婆婆控制了你的人，但是她管不了你的心。我愿用我的命，再换你几行短诗，数载相思。只要你还活着，我就会一直活在你心里，谁也赶不走。那样，我觉得，自己也未必就输了。

陆游：对不起，婉儿，我其实不想做妈宝男

以现在的眼光看，陆游身上似乎有些妈宝男的特征，毕竟他因为

母亲的干预和唐婉离婚。但如果回到宋代，身临其境，似乎又没法怪他。

来看看陆游的原生家庭吧，祖上是北宋名臣，即使到陆游初生时，陆家也是江南的名门望族、藏书世家。而母亲出身江陵唐氏，也是士族。所以，这样家庭里的孩子，自然承担着延续甚至是重振家族荣耀的重担。更何况，这陆游自幼聪颖，一看就是好坯子。

所以，陆游终究不只是唐婉一个人的丈夫，他身上背负了太多东西。年轻的陆游，自有一番报国之心，但众望之下，偶尔也会感到有一些疲累之感。所以，当同样聪慧、有生活情趣的唐婉嫁过来之后，陆游立马找到了压力释放的出口。两人整天吟诗作对，玩得不亦乐乎。

有人说陆游的母亲唐氏是唐婉的姑姑，也有人说不是。但无论怎样，她开始感受到，自己对陆游的控制受到了挑战。作为陆家对陆游的成长监护人，也作为一个母亲，她向来强势。哪能见得陆游的心被另外一个女人带走，于是这个聪明温婉的儿媳妇，在她眼里就成了对手。

所以，唐婉成了婆婆的批评、打击对象，理由是让陆游耽于闺房之乐，破坏了陆游的上进心，阻挡了他的仕途。但这对于情投意合的才子佳人而言，并没有太多作用，陆游开始越来越不听母亲的话。眼看对儿子的控制越来越无力，婆婆终于火了，她再也容不下唐婉的存在。

最终她找到两个理由，终于堂而皇之地把唐婉给休了。第一个理由是，在道观里算过了，唐婉命里克夫，有她在陆游就难以取得功名；第二个理由是，无后。两条，足够了。两个女人对一个男人控制权的争夺战，就这样告一段落。

陆游有过抗争，休妻后偷偷地把唐婉藏在别院。但后来，还是被发现了。如果再要求他继续抗争，那只能做第二个焦仲卿了。从我们的私心讲,真心不愿意那样,那样我们就少读到很多好诗。

唐婉:我愿香消玉殒,换你长相思

在今天的男人看来,唐婉是一个近乎完美的伴侣,大家闺秀,有生活情趣,夫唱妇随,能睡到一起,还能玩到一起。只可惜,她嫁对了人,生错了时代。她身上,其实是有一点忧郁气质的,有才的女子都是如此。失去了陆游,而且是以被休的方式,对她来讲,是难以愈合的伤,这埋下了抑郁的种子。

即使被休之后,她依然能够再嫁给皇族后裔赵士程。人如其名,赵士程是个实诚人,崇拜陆游,爱护唐婉,典型的现代言情剧里暖男型男二号。所以,对唐婉来说,多少可以修复心灵的创伤。但解铃不是系铃人,依然无法真正打开她的心结。

十年后的沈园偶遇,赵士程的成全,让两人得以再次见面,喝了杯酒,哭了一会儿,但并没有太多言语。而陆游随后却补了致命一刀,一阕《钗头凤》引发了唐婉内心深处的抑郁和幽怨:既然生不得最爱之人,又有什么可留恋的;如果死,可以换来你的一生相思,何妨阴阳两隔,共念一段情。于是,回复了一首《钗头凤》,没多久,她抑郁而终。

那些和泪啼血的诗,那笔还不完的情债

唐婉的目的达到了。她的生命以如此方式结束,让陆游一生都放不下,无论漂泊到哪里,都背着这个情感的包袱,时常打开看看。人人都知道他爱国,但只有他自己知道,那个女人在她生命中的分量。他们两个真正在一起的时间,不过几年。但唐婉离去之后,陆游却不得不用一生来想念她。

新婚的时候,陆游曾经为唐婉写过一首《菊枕诗》,记录的是美

好时光里的儿女情长。这点小事儿,陆游到 63 岁的时候还记得。那次,他路过沈园,写下了:"采得黄花作枕囊,曲屏深幌泌幽香。唤回四十三年梦,灯暗无人说断肠。""少日曾题菊枕诗,囊编残稿锁蛛丝。人间万事消磨尽,只有清香似旧时。"

68 岁,他再游沈园,看到园子已经换了几次主人,当年题词的墙已经斑驳,忍不住难过起来:"枫叶初丹槲叶黄,河阳愁鬓怯新霜。林亭感旧空回首,泉路凭谁说断肠? 坏壁旧题尘漠漠,断云幽梦事茫茫。年来妄念消除尽,回向蒲龛一炷香。"

75 岁,唐婉逝世已经快四十年了,他写下:"城上斜阳画角哀,沈园非复旧池台。伤心桥下春波绿,曾是惊鸿照影来。""梦断香销四十年,沈园柳老不飞绵。此身行作稽山土,犹吊遗踪一泫然。"

81 岁,陆游已经老了,不能经常去沈园了,但有一次梦到了,醒来后写道:"路近城南已怕行,沈家园里更伤情。香穿客袖梅花在,绿蘸寺桥春水生。""城南小陌又逢春,只见梅花不见人。玉骨久沉泉下土,墨痕犹锁壁间尘。"

84 岁,陆游的人生,也终于快到了终点。他知道,自己必须再去一次沈园,所以他挣扎着到了那个让他魂牵梦萦的地方:"沈家园里花如锦,半是当年识放翁。也信美人终作土,不堪幽梦太匆匆!"

匆匆,那些相守岁月太匆匆,梦里相见也匆匆。但是,那段情是长久的,永不弥漫。

热闹的春节,如何甜而不腻地秀恩爱

春节,是中国人民最重要的传统节(xiù)日(chǎng)。在这个团圆的节日里,大家会见到很多亲人朋友,各种主题的聚会接踵而来。当然,吃饱喝足的时候,也是最有时间发朋友圈的时候。所以,不管是线上还是线下,如果你想秀一下自己还算满意的人生,或者不太满意但可以假装很满意的人生,都是最佳的时节。

在春节里,你会看到有人抱怨年底会多,却在"无心之下"升了职;有人"不小心"把豪车停在最扎眼的地方;有人在聚会上不停地"随手"从自己的名包取点没用的东西;你会看到有人非常"关心时间",一直露出腕上的名表……秀的人与看的人,各自心里起波澜。

不过,除了秀物质文明的,也有一些人喜欢秀情感,晒恩爱。

秀恩爱虽然动机都是一样的,但手法却有很大的高低差异。今天,我们就为平台的读者们,呈现秀恩爱的几个不同的境界,希望能给大家一些启发,在秀恩爱的时候不露怯、不走光。秀出低调的奢华,秀出淡淡的深情,秀出瞬间的地老天荒。

不入流级:太过直接的欲望表达

这个级别的秀恩爱,一般是直接晒配偶送的价值不菲的礼物,或者是不合时宜过于亲密的肢体接触。因为太过外显,而显得欲望十足,要么是用物质代表感情,要么通过太过露骨的行为展示如胶似漆。

这些秀包含但不限于:

(1)在朋友圈晒配偶给的红包、钻戒、豪车。配上诸如"宝宝给的哟,幸福的味道,么么哒""哎呀,钻戒太大了,还真坠得慌,胳膊都酸了"之类的文字。

(2)在朋友圈晒和配偶一起去某个海岛度假的机票,或者露肉的泳照,五星级宾馆对着镜子自拍。配上诸如"一晚上8888哟,今晚得好好享受"之类的文字。

(3)在公共场合拥抱、接吻,不顾他人的眼神耳鬓厮磨。这样不太好,容易被误以为是误食什么药,欲火焚身已经等不及了。

(4)在饭局上旁若无人地喂饭、发嗲、调情。这会让人感觉是刚换了人,还没新鲜够。

……

点评:

这个级别的秀恩爱,很容易让人感觉缺啥才晒啥,有一种感情暴发户的感觉。但也会让人感觉,这种关系需要靠物质贴标签,需要非常激烈的表达,感觉太过用力,有些不太靠谱。基本上,这样的关系让人觉得不是"家常"的恩爱,要么是非正常关系,要么是短暂的昙花一现。这种表达方式非常肤浅,容易成为别人的笑话,或者让人的视觉感官受到伤害。所以,这是我们要避免的层次。

普通级:温暖直接,充满烟火味儿

本级别的秀恩爱很常见,"家常味儿"十足,多见于稳定的关系中。当然表达也比较直接,虽然多少有些小显摆的感觉,其实也是在确认自己的情感。

这些秀包含但不限于:

(1)晒和配偶的日常活动合影,即便是凑得比较亲密的合照,但也不会太腻味。过年的时候,也可能以夫妻俩向大家拜年的方式出现,也有可能是配偶一方和孩子的活动照片,但能让人感觉到拍照的是本人,也就是一个小家庭的生活日常。配的文字,一般体现了温馨和谐。

(2)参加包含配偶在内的家庭集体活动,比如包饺子、守夜、串门,当然也包括多个家庭一起的一些聚会。虽然人物众多,但夫妻俩同时出现在同一场景下,其实也是相互融入对方生活的一种呈现。

(3)晒撒娇意味的微信红包。一般很多夫妻之间也会索要过年红包,当然是以撒娇的形式。这些红包的数额一般不会特别大,略大于给孩子的,甚至有可能半开玩笑,发个很小的。这种红包截图经常会被发在朋友圈,是一种夫妻间小情趣的表现。

(4)晒为配偶服务的行为。比如,很少做饭的丈夫,在家里下厨为自己做年夜饭,或者是妻子为丈夫打理衣物等等。

(5)晒配偶给双方父母买的年货。不管是妻子为公婆,还是丈夫为岳父母所购置的年货和礼品,都是恩爱夫妻过年不可或缺的内容。

(6)晒和配偶家人和谐相处、玩乐的内容。和配偶方的亲属,如果能够不仅和谐,而且打成一片的话,说明两家人足够和谐,是夫妻恩爱的重要背景画面。

……

点评：

这一类秀恩爱的方式，虽然没有多少新意，但充满了人间烟火气息。这种方式强调了温和而恒定的人际关系，而非刻意的、非常象征性的表达。如果是在朋友圈，只要不刷屏，频率掌握好，不会让人讨厌。关心的朋友，都会乐意点赞评论，表达祝福。

中高端：有情趣的，富有内涵的呈现

本级别的秀恩爱方式，开始强调情趣和内涵。过于直接的表达，是这类当事人不屑去做的。这类恩爱夫妻，在生活上多数思想内涵丰富，品味不俗。他们对于表达恩爱，倾向于非常内敛但高级的方式，主要是通过某些特别的方式展现心灵的相通与默契。

这些秀包含但不限于：

（1）春节里，晒低调而上档次的情侣装、情侣鞋、情侣箱包、情侣配饰等，甚至连宠物都成双成对。

（2）利用假期，完成夫妻俩共同喜好的一些兴趣活动，比如一起跑完马拉松，一起打球。再比如，《笑傲江湖》里令狐冲和任盈盈的琴箫合奏。

（3）一起完成高难度的，或者一些令常人艳羡的活动。

（4）在辞旧迎新之际，用为对方写情书、写歌、画画或者创意合影等方式表达情感。比如，同样是晒合影，一个别具一格的拍摄手法，会让档次完全不一样。可能你看到的只是背影，或者身体的一部分，但却传达出永恒的味道。

当然，特殊的才艺更能吸睛。比如，一位漫画家将和妻子的照片，画成了多种漫画版。

（5）用非常多的心思和漫长的时间制作新年礼物，或者满足伴侣的一些特殊爱好。如上一个时代流行打毛衣，如今流行为配偶做手串等。当然，据说现在流行手绘二维码。这事儿，你会干吗？

（6）在聚会或者朋友圈里，用拼幽默、拼段子的方式夫妻过招。表达的内容里，不仅要讲究极高的语言艺术性，也要暗藏很多包袱、典故，甚至要有一部分隐藏极深，具有一定的私密性。

……

点评：

这类秀恩爱的方式，因为含蓄，讲究艺术性与心灵的呼应，围观者需要足够的品位和内涵，所以，有时会有曲高和寡的风险。但一旦被围观者领悟到，会引来由衷的赞叹，会特别吸粉。

非常规级：用时间或者超能力做辅注

这类秀恩爱的方式，便可遇不可求了，有的需要用时间做背景，有的需要靠超能力做辅助。

还有一些要靠个人能力。看过金庸小说的人知道，当年杨过在郭襄生日的英雄大会上，送了三个大礼，随便一种都足以惊世骇俗。对于郭襄而言，那场炸裂天的绚烂烟花，是她一生中最刻骨铭心的回忆。虽然杨过对郭襄只是出于小妹妹的情感，但这随便一秀，足以写成传奇。

在现实中，也有一些靠超能力为伴侣献爱的。比如，宋美龄女士很喜欢梧桐树，蒋中正先生便在南京种满了梧桐树。再比如，还有一位先生，让自己的歌唱家夫人的歌声传到了宇宙里。

小结：

虽然有些高级的秀恩爱，我们学不来，做不到。但是，我们每个人有每个人的小确幸。在这个容易忙碌和焦虑的时代里，遇上我们年少时渴望的春节，适当地停下，感受喜庆，感受温暖，检视我们的幸福，适当地秀恩爱，是一件美好的事情。可以让亲朋好友知道，我们的岁月安好。只要是真爱，一定会秀得美好、温暖。